Abb. 1. *Gutenberg*-Denkmal von *Thorvaldsen*
in Mainz

Biographien
hervorragender Naturwissenschaftler,
Techniker und Mediziner

Band 37

Johannes Gutenberg

Dr. sc. Ingrid Kästner, Leipzig

3., durchgesehene Auflage

Mit 17 Abbildungen

Springer Fachmedien Wiesbaden GmbH 1984

Herausgegeben von
D. Goetz (Potsdam), I. Jahn (Berlin), E. Wächtler (Freiberg),
H. Wußing (Leipzig)
Verantwortlicher Herausgeber: D. Goetz

ISBN 978-3-322-00538-0   ISBN 978-3-663-10429-2 (eBook)
DOI 10.1007/978-3-663-10429-2

3. Auflage
VLN 294-375/19/84 · LSV 0918
Lektor: Dipl.-Journ. Ing. Hans Dietrich

Gesamtherstellung: Elbe-Druckerei Wittenberg IV-28-1-411
Bestell-Nr. 665 866 8

00350

VORWORT

> Die Buchdruckerkunst ist ein Faktum, von dem ein zweiter
> Teil der Welt- und Kunstgeschichte datiert, welcher von dem
> ersten ganz verschieden ist.
>
> *Goethe*

In den vierziger Jahren des 15. Jahrhunderts machte der Mainzer
Patriziersohn *Johannes Gutenberg* eine Erfindung, für die die
geschichtliche Entwicklung herangereift war und die ihrerseits
die historischen Veränderungen beschleunigte. Sprengte sie doch
die engen Grenzen der mittelalterlichen Welt und wurde revo-
lutionäres Mittel der Reformation und der deutschen frühbürgerlichen Revolution.
Wenig aber ist uns bekannt über das Leben des genialen Erfinders
und über sein Werk. Nur spärlich fließen die Nachrichten aus
in Archiven erhaltenen Urkunden und Akten, aus Zeugnissen von
Zeitgenossen und aus den frühesten Druckwerken. Trotz unzähliger
Bücher und Aufsätze über Leben und Werk *Gutenbergs* sind die
Forscher in vielen wesentlichen Fragen uneins. Dieses Büchlein
versucht, sich auf die wohl als gesichert geltenden Kenntnisse
stützend, *Gutenberg* zu zeigen als genialen Techniker und begabten
Schriftkünstler, dessen Erfindung die Welt eroberte und sie ver-
änderte.
Herrn Prof. Dr. *Wußing* (Leipzig) bin ich dankbar für die Ermun-
terung zu diesem Bändchen, meinem Mann danke ich für zahlreiche zweckdienliche Hinweise, Frau *H. Plath* für die technische
Hilfe.
Nicht zuletzt bin ich dem BSB B. G. Teubner Verlagsgesellschaft
verbunden für die verständnisvolle Zusammenarbeit.

Leipzig, März 1977   *Ingrid Kästner*

Für die vorliegende 3. Auflage wurde das Büchlein überarbeitet.
Allen, die durch Hinweise dabei geholfen haben, sei an dieser
Stelle herzlich gedankt.

Leipzig, März 1983   *Ingrid Kästner*

INHALT

1. DIE ZEIT GUTENBERGS — DER ÜBERGANG VOM SPÄTMITTELALTER ZUR RENAISSANCE

> Die moderne Naturforschung datiert, wie die ganze neuere Geschichte, von jener gewaltigen Epoche, die wir Deutsche, nach dem uns damals zugestoßenen Nationalunglück, die Reformation, die Franzosen die Renaissance und die Italiener das Cinquecento nennen, und die keiner dieser Namen erschöpfend ausdrückt. Es ist die Epoche, die mit der letzten Hälfte des fünfzehnten Jahrhunderts anhebt ... Es war die größte progressive Umwälzung, die die Menschheit bis dahin erlebt hatte, eine Zeit, die Riesen brauchte und Riesen zeugte, Riesen an Denkkraft, Leidenschaft und Charakter, an Vielseitigkeit und Gelehrsamkeit.
>
> *Friedrich Engels*

Der Erfinder der Buchdruckerkunst, *Johannes Gensfleisch zum Gutenberg*, lebte in den beiden ersten Dritteln des 15. Jahrhunderts, einer Zeit, in der die Feudalgesellschaft grundlegende Veränderungen erfahren hatte.

Die Ware-Geld-Beziehungen durchdrangen seit der Mitte des 13. Jahrhunderts alle Bereiche der feudalen Gesellschaftsordnung. Die Entwicklung des Handelskapitalismus, sein wachsender Einfluß auf die Produktion, der im 15. Jahrhundert Elemente der neuen kapitalistischen Produktionsweise heranreifen ließ, die politischen und ökonomischen Maßnahmen des Feudaladels, sich den gesellschaftlichen Gegebenheiten anzupassen, verliefen in Form umbrechender sozialer Auseinandersetzungen, die bis an den Rand der frühbürgerlichen Revolution führten. Bereits im 14. Jahrhundert nahmen Verkehr und Handel zu, und der Reichtum der handeltreibenden Bürger wuchs. Das aufstrebende Bürgertum in den Städten war nach *Engels* die Klasse, „in der die Fortentwicklung der Produktion und des Verkehrs, der Bildung, der sozialen und politischen Institutionen sich verkörpert fand". Der ökonomische und politische Fortschritt führte beim Bürgertum zum Streben nach Bildung und Kenntnissen, die sich praktisch anwenden ließen; er lehrte neue Bedürfnisse kennen.

Da die Klosterschulen vor allem der Ausbildung des Klerus dienten, setzte das Bürgertum in Wahrung seiner Interessen die Gründung von Stadt-, Rats- oder Lateinschulen durch. Neben diesen mußten von dem Patriziat im Verlaufe des 15. Jahrhunderts

deutsche Leseschulen für die Kinder der Zunfthandwerker zuge-
lassen werden.

Höhere Bildungsstätten waren die neugegründeten Universitäten.
Sie wurden die Zentren des Humanismus. Zu den frühesten Uni-
versitätsgründungen gehören Bologna (1119), Paris (1150), und im
„Heiligen Römischen Reich Deutscher Nation" Prag (1348), Wien
(1365), Heidelberg (1386), Köln (1388), Erfurt (1392), Leipzig (1409)
und Rostock (1419). Die Universitäten standen den Söhnen des
Adels, des besitzenden Bürgertums, formal sogar den Pauperes, den
Bauernkindern, offen. Vor allem die studierten Laien wurden zu
Anhängern des Humanismus, der sich von Italien ausbreitete und
die geistigen Voraussetzungen zur allmählichen Überwindung der
mittelalterlichen Scholastik gab.

Auch innerhalb der Kirche kam es zu ideologischen Auseinander-
setzungen, wie die Konzilien zu Pisa, Konstanz und Basel zeigen.
Wenn auch keine Reform der Kirche erreicht wurde, führte der
Disput hoher geistlicher und weltlicher Würdenträger mit den
Theologen der Universitäten dazu, daß manches Dogma in Frage
gestellt werden mußte.

In den aus dem Fall von Byzanz geretteten Manuskripten, in den aus
den Ruinen Roms ausgegrabenen antiken Statuen ging dem erstaun-
ten Westen eine neue Welt auf, das griechische Altertum; vor seinen
lichten Gestalten verschwanden die Gespenster des Mittelalters. *(Engels)*

Philosophische Lehren und naturwissenschaftliche Erkenntnisse
der Antike wurden aus dem Arabischen und Griechischen ins
Lateinische übersetzt und bewirkten eine ungeheure Belebung der
geistigen Interessen. In die Zeit *Gutenbergs* ragen solche berühmten Persönlichkeiten wie der niederländische Humanist *Rudolf
Agricola* (1443—1485), *Johann Reuchlin* (1455—1522), der die
klassische Philologie in Deutschland begründete, *Conrad Celtis*
(1459—1508), der „deutsche Erzhumanist", sowie der Mathematiker und Astronom *Johannes Müller;* genannt *Regiomontanus*
(1436—1476). Selbst *Erasmus von Rotterdam* (1464—1536), der
bedeutendste europäische Humanist des 16. Jh., war bei *Gutenbergs* Tod schon geboren. *Dante, Petrarca* und *Boccaccio* waren
bereits 1321, 1374 bzw. 1375 gestorben. *Aretino,* der sich selbst
den Beinamen „der Göttliche" gab und den die Monarchen wegen
seiner scharfsinnigen Pamphlete fürchteten, wirkte noch bis
1444.

In der deutschen Literatur ging die Zeit des höfischen Minnesanges zu Ende. Der Minnesang, dessen überragender Vertreter *Walther von der Vogelweide* (um 1170—1230) gewesen war, hatte neben Volkslied und Vagantendichtung die Hauptform der weltlichen Lyrik des Mittelalters dargestellt. Um 1300 leitete der Minnesang durch *Heinrich von Meissen*, genannt *Frauenlob* (um 1260—1318), zum Meistersang über. Handwerker und Zunftgenossen wurden die Träger des bürgerlichen Meistergesanges, der bis ins 19. Jahrhundert fortlebte. Für die fortschrittliche Literatur jener Zeit sind Fastnachtsspiele, Satire und Schwank wichtig. Sie zeugen, wie die deutschsprachigen Städtechroniken, vom Selbstbewußtsein der Bürger.

Im 14./15. Jahrhundert war auch — besonders durch die engeren Handelsbeziehungen — das Bedürfnis nach einer einheitlichen Schriftsprache gewachsen. Von entscheidender Bedeutung für die Herausbildung der deutschen Nationalsprache wurde das in Thüringen und der Mark Meißen vom Volk gesprochene „Ostmitteldeutsch", welches sich zur Verkehrs- und Schriftsprache entwickelte und nach dem Vorbild der Kanzlei der Wettiner auch von den Kanzleien der angrenzenden Fürsten übernommen wurde.

Die bildenden Künstler hatten sich nach dem Vorbild der Handwerker in Zünften zusammengeschlossen. In der Baukunst traten städtisch-bürgerliche Bauaufgaben in den Vordergrund; so spiegelten Größe und Anlage des Rathauses die rechtliche Stellung und ökonomische Stärke der Stadt wider. Bürgerbauten sind neben Rathäusern Kaufmannshallen (z. B. in Magdeburg erhalten), Zunfthäuser und die Rolande. Letztere dienten als Symbol städtischer Freiheiten oder Gerichtsbarkeit. Während in Straßburg, Ulm, Mailand, Wien, Burgos und Sevilla noch gotische Münster und Dome entstanden, baute man in Italien auch schon im Stile der Renaissance. **So ging in Europa die spätmittelalterliche Kultur kontinuierlich in die Renaissance über.**

Das zunehmende Bedürfnis nach Wissen hatte die Anzahl der zum Laienstande gehörenden Lohnschreiber enorm zunehmen lassen. Der Handschriftenhandel florierte, seine Zentren waren Messen und Märkte. So gab es für das Buch nicht nur eine rege Nachfrage, ein erhebliches Bedürfnis, sondern es waren auch bereits die organisatorischen Voraussetzungen für einen raschen

Abb. 2. Gelehrter kopiert aus einem Buch auf eine Pergamentrolle. Holzschnitt aus Rudimentum Noviciorum, Lübeck 1475

Vertrieb gegeben. Durch die Arbeit der Lohnschreiber allein konnte die Bedarfslücke nicht gefüllt werden. Ja, viele Gelehrte des Mittelalters mußten sich für ihre Arbeit wichtige Bücher selbst abschreiben! Wollten sie ihre Gedanken verbreiten, mußten sie vor mehreren Lohnschreibern ihre Werke langsam diktieren. Nur gegen hohe Gebühren oder wertvolle Pfänder konnten Handschriften entliehen werden, denn öffentliche Bibliotheken gab es in den von Feudaladel und katholischer Kirche beherrschten europäischen Ländern noch nicht. Wohl fallen in diese Zeit wichtige Bibliotheksgründungen (z. B. 1441 die Biblioteca Marciana durch *Cosimo de Medici,* 1450 die Vatikanische Bibliothek durch Papst *Nicolaus V.* und ab 1458 die weltberühmte Bibliotheca Corvina durch den Ungarnkönig *Matthias Hunyadi).* Aber die Bibliotheken großer Herren, in Klöstern, Stiften und an Universitäten, gewährten nur sehr wenigen Privilegierten Zutritt. Bücher waren so teuer und kostbar, daß sie in den Bibliotheken

häufig angekettet wurden. Eine handgeschriebene Bibel z. B.
kostete das gesamte Jahresgehalt des Leipziger Stadtbaumeisters.
Das starke Bedürfnis nach Wissen und Belehrung hatte das Ver-
langen nach einem raschen Vervielfältigungsverfahren von
Büchern geweckt. Solche Bestrebungen hat es wohl auch schon
vor *Gutenberg* gegeben. Aber erst unter den wirtschaftlichen, geistigen und technischen Voraussetzungen der beginnenden Renaissance konnte der Erfinder *Gutenberg* die Metalltechnik zur Buchherstellung anwenden.
Auf technischem Gebiet brachte das Jahrhundert *Gutenbergs* zahlreiche wichtige Neuerungen. Bereits seit etwa 1350 verwendete
man Drehbänke und mechanische Drahtziehvorrichtungen, um
1400 stellte man erstmals Gußeisen her, und zum mechanischen
Haspeln und Zwirnen der Seide sowie zum Trittwebstuhl mit
2 Schäften kam 1480 das Handspinnrad mit Flügel. Verbesserun-
gen der Kriegstechnik wie die Erfindung des Schießpulver-
geschützes, die Entwicklung des Bergbaus mit der Errichtung
erster Hochöfen, die Einführung des Krans, die Verbesserung von

Abb. 3.   Pult und Ablegebrett mit angeketteten Büchern

Pumpen und Wasserkraftanlagen zeugen für den Erfindergeist des 15. Jahrhunderts. Die Entwicklung und der Einsatz der mechanischen Vorrichtungen in der Produktion erforderten Kenntnisse der Mechanik, auch wenn diese hauptsächlich nur empirisch erworben wurden, und ein ständiges Probieren, Versuchen, Experimentieren. Vielfältige technische Versuche führten zur Konstruktion kunstreicher Automaten, phantastischer Wasserspiele, aber auch zu sehr nützlichen Erfindungen wie der Uhrfeder. In vielen Städten brachte man an Kirchen und Rathäusern Figurenuhren und astronomische Uhren an (ein schönes Beispiel ist die Rostocker astronomische Uhr in der Marienkirche).

Der technische Fortschritt konzentrierte sich seit dem 13. Jahrhundert auf die Städte, wo sich der Aufschwung der Produktivkräfte in der Herausbildung neuer Gewerbearten und der Differenzierung älterer Handwerkszweige, z. B. der Metallgewerbe, zeigte. Das Wachstum der Gewerbe setzte die Zünfte voraus, die im 13./14. Jahrhundert ihre Blüte hatten. Nürnberg beherbergte im Jahre 1363 in seinen Mauern 1217 Meister in 50 verschiedenen Gewerben! Die durch neue Bedürfnisse hervorgerufenen neuen Handwerke wurden zunächst als „freie Kunst" ausgeübt, bis ihre Vertreter sich zu einer Zunft vereinigten. Die strengen Vorschriften der Zünfte hinsichtlich des Vermögens, Bürgerrechts oder Meisterstückes erschwerten den Gesellen, Meister zu werden. Innerhalb der Zünfte setzte im 15. Jahrhundert eine erhebliche ökonomische Differenzierung ein, und es entstand eine Schicht verarmter Handwerker. Viele technische Neuerungen konnten in der Kleinproduktion nicht rentabel verwendet werden, so daß die Zünfte die wirtschaftliche Entwicklung schließlich zu hemmen begannen. Manche Gewerbe, wie z. B. die Buchdrucker, organisierten sich schon nicht mehr zünftig.

Und unter diesen gesellschaftlichen Bedingungen, begünstigt durch die geistigen Umwälzungen seiner Zeit, aufbauend auf gewisse Voraussetzungen für die Typographie, konnte der Techniker *Gutenberg* seinen Erfindungsgedanken realisieren: Den Buchdruck mit beweglichen Metallettern.

Wissenschaftlich betrachtet, ist jedoch jede Erfindung von den Bedürfnissen ihrer Zeit abhängig, was mit anderen Worten nur heißt, daß jede Erfindung ihre lange Vorgeschichte hat. Erfindungen können der geschichtlichen Entwicklung einen mächtigen Anstoß geben, und wenige haben ihr einen so mächtigen Anstoß gegeben wie die Erfindung des Buchdrucks, aber jede Erfindung wird ihrerseits durch die geschichtliche Entwicklung gereift; das Gesetz der historischen Dialektik verleugnet sich niemals, auch wenn es noch so heftig von superklugen Ideologen geleugnet wird. Und am wenigsten verliert dadurch der Ruhm der großen Erfinder, die ein großes Bedürfnis ihrer Zeit in einer für alle Folgezeit epochemachenden Weise zu befriedigen gewußt haben.

Franz Mehring

2.1. Die Schrift

Die Druckschrift entstand in enger Anlehnung an die zu *Gutenbergs* Zeit übliche Schreibschrift. Ziel *Gutenbergs* war es, die in den Meßbüchern verwendete gotische Missalschrift im Druck vollendet wiederzugeben. Diese Prunkschrift ist eine besonders schön gestaltete Minuskel (Minuskeln heißen die kleinen Buchstaben im Gegensatz zu den Großbuchstaben, den Majuskeln) mit stark betonten Senkrechten, doppelt gebrochenen früheren Rundungen, deutlich ausgeprägten Ecken, Kanten und Zieraten. In den Anfängen des Buchdruckes gab es keinen Unterschied zwischen geschriebener Minuskel und Druckletter.

2.2. Das Papier

Während die Bewohner Mesopotamiens und Ägyptens schon in ältesten Zeiten Tontafeln für schriftliche Aufzeichnungen verwendeten, setzte sich bei den Griechen und Römern der ebenfalls aus Ägypten stammende Papyrus als Beschreibstoff durch. Bis weit in das Mittelalter hinein schrieb man auf Papyrus, der sich durch Leichtigkeit und große Dauerhaftigkeit auszeichnete. Aber bereits im Altertum stellte man aus rohen Tierhäuten durch Dehnen, Trocknen und Bimssteinschliff das Pergament her, einen repräsentativen, aber teuren Beschreibstoff. Papyrus wurde meist nur einseitig, Pergament dagegen zweiseitig beschrieben, und seine

Undurchlässigkeit ermöglichte das Einfügen farbenprächtiger Initialen und Miniaturen in die Texte. Mit der steigenden Nachfrage nach Handschriften wurde Pergament aber zu rar und teuer für den Gebrauch. Erforderte doch ein Folioband von 200 Seiten die Haut von etwa 25 Schafen!
Mit der Einführung des Papiers nach Europa im 13. Jh. stand ein idealer und vergleichsweise billiger Beschreibstoff zur Verfügung. Die Ausbreitung der Papiermacherkunst wurde Voraussetzung und Stimulus für die Entwicklung der Drucktechnik.
Das Papier stammt aus China, wo die Anfänge der Papierbereitung bis in das 2. und 3. Jahrhundert v. u. Z. zurückreichen. Das früheste Papier bestand aus den Abfällen der zum Beschreiben verwendeten Seidengewebe und wurde wahrscheinlich zum Trocknen auf eine Bambusmatte gegossen. In einem alten chinesischen Bericht heißt es:

Von alters her wurden zum Schreiben Bambustafeln verwendet, die man zusammenband. Es gab auch ein Papier aus Seidenabfällen. Aber Seide war zu teuer, und die Bambustafeln waren zu schwer, beide also nicht geeignet. So faßte *Ts'ai Lun* den Plan, aus Baumrinde oder Bastfasern, Hanf und auch aus alten Lumpen und Fischnetzen Papier zu bereiten. Im Jahre 105 n. u. Z. berichtete er darüber dem Kaiser, und dieser lobte seine Fähigkeiten. Seitdem wurde das Papier allgemein gebraucht, und im ganzen Kaiserreich nannten es alle „das Papier des gnädigen *Ts'ai*".

Das Geheimnis der Papierherstellung wurde im Reich der Mitte bis zum 8. Jahrhundert gewahrt. Dann gelangte das Papier in die islamische Welt, wo die Papierbereitung bald in höchster Blüte stand und um die Mitte des 10. Jahrhunderts den ägyptischen Papyrus total verdrängt hatte. Auf zwei Wegen — über Marokko nach Spanien (1144 Papierherstellung in Xoliva) und von Ägypten nach Italien (1276 Papierbereitung in Fabriano) — gelangte das Papier nach Europa. Die erste deutsche Papiermühle wurde 1390 vor den Toren Nürnbergs errichtet, und seit 1393 wurde auch in Ravensburg Papier hergestellt.

2.3.   Die „Vorstufen" der Typographie

Das Bedürfnis, die Sprache zu fixieren und Texte zu vervielfältigen, führte schon sehr früh zu mechanischen Verfahren. In China kannte man bereits im 4. Jahrhundert Abreibungen von

Inschriftensteinen mit Tusche, stellte Holztafeldrucke und Block-
bücher her und kam über durch Brennen gehärtete Tontypen zu
austauschbaren Metallzeichen. Der Bronzetypendruck wurde —
für uns urkundlich 1392 nachweisbar — in Korea bei der Begrün-
dung der Dynastie des General *Yi* eingeführt. Diese hervorragende
Leistung der chinesischen und koreanischen Drucktechnik scheint
allerdings in Europa vor *Gutenbergs* Erfindung nicht bekannt
gewesen zu sein.

Aber selbst dann, wenn das der Fall gewesen wäre, hätte an eine
Verwertung für das europäische Buch nicht gedacht werden können.
Wegen der Eigenart der chinesischen Schrift, der Aneinander-
reihung von Wortsymbolen, kann man hier nicht von beweglichen
Lettern sprechen. Wenn also die Chinesen und Koreaner ein ihrer
Sprache äquivalentes Druckverfahren bereits im Mittelalter ent-
wickelt hatten, so war das doch für die vielfache Letter *Gutenbergs*
keineswegs das Vorbild.

Für eine Vervielfältigung von Bildern und Texten verwendete
man in Europa den Holztafeldruck und den Stempeldruck. Die
Kunst des Holzschneidens reicht sicher bis in das 14. Jahrhundert
zurück; Holzmodel zum Bedrucken von Stoffen wurden sogar noch
früher verwendet. Aus dem Einzelholzschnitt gingen der Holztafeldruck und das Blockbuch hervor, zumeist als Vereinigung von
Bild und Text. Die Abzüge vom Holzstock erhielt man im Reiber-
druckverfahren, bei dem die Drucke nicht mittels einer Presse,
sondern durch Abreiben entstanden und das nur einseitige Abzüge
gestattete, weswegen man zwei bedruckte Blätter mit den Rück-
seiten aneinanderklebte. Der Inhalt der zu Buchform zusammen-
gehefteten Blätter war religiöser Art, wie in der Armenbibel (Biblia
pauperum) oder dem Hohelied (Canticum canticorum). In Block-
buchform haben sich 31 Werke in über 100 Ausgaben erhalten.

Dem Holztafeldruck waren enge Grenzen gesetzt: Umständliche
Herstellung der Holzplatte, keine Möglichkeit von Korrekturen,
nur begrenzte Aufbewahrungsmöglichkeit der sich verändernden
Holzplatten (Holz „arbeitet"), und des weiteren konnten mit
diesem Verfahren nie die Gleichmäßigkeit und Schönheit der
Handschrift erreicht werden.

Zwar gibt es vom Holztafeldruck keinen Übergang zu *Gutenbergs*
metalltechnischem Buchdruckverfahren, aber ein wichtiges Element
wurde übernommen: der Druckvorgang selbst, für dessen Anpas-

Abb. 4.   Der hl. Christophorus. Einblattdruck 1423

sung an die neue Aufgabe nur die Konstruktion einer entsprechenden Presse nötig war.

Die Kunst des Stempelschneidens, schon im Altertum hoch entwickelt, gewann mit der durchgängigen Ausbreitung der Ware-Geld-Beziehung im 13. und 14. Jahrhundert an gesellschaftlicher Bedeutung.

Die Technik der Münzherstellung erforderte eine Zusammenarbeit verschiedener spezialisierter Handwerker. Die Stempel wurden hauptsächlich von den Goldschmieden in eigener Werkstatt herge-

16

stellt. Daneben gab es auch in einigen Münzwerkstätten sogenannte Eisengraber, die ebenfalls die „Eysen" (Stempel) herzu-
stellen hatten. Diese Technik scheint in den Städten des Rhein-
landes, die Handels- und Wirtschaftszentren waren, einen hohen
Stand erreicht zu haben. Der rheinische Goldgulden war die ein-
heitliche Währung des rheinischen Münzvereins, zu dem sich die
rheinischen Kurfürsten 1386 zusammengeschlossen hatten. Das
Anwendungsgebiet der Technik des Stempelschneidens hatte aber
auch eine Beziehung zum Buch: Die Stempelpressungen auf Buch-
einbänden. Die Buchbinderstempel dienten nachweislich schon
1433 zum Aufbringen von Aufschriften in Blinddruck auf Einband-
decken. Der Stempeldruck konnte aber ebensowenig wie der Holzschnitt die Herstellung austauschbarer, völlig gleich beschaffener
Lettern gewährleisten.

3. GUTENBERGS HERKUNFT UND JUGEND

> Es ist ein tragisches Geschick, daß über dem Leben und Werk
> des Mannes, der das meiste Licht in die Welt gebracht hat, das
> tiefste Dunkel gebreitet liegt.
>
> *Aloys Ruppel*

Johannes Gensfleisch zum Gutenberg entstammt einem angesehe-
nen Mainzer Patriziergeschlecht. Über sein genaues Geburtsdatum
ist nichts Sicheres bekannt. Trotz zahlreicher Vermutungen und
Berechnungen, die sich auf indirekte Schlüsse aus Urkunden
stützen, kann man nur sagen, daß der Erfinder der Druckkunst
um 1400 geboren wurde. Daher nimmt man das Jahr 1400 für
das Geburtsjahr *Gutenbergs.*
Der älteste nachweisbare Vorfahre *Gutenbergs* war der 1330 bis
1346 als Mainzer Ratsherr erwähnte *Friele Rafit zum Gensfleisch.*
Das Geschlecht nannte sich nach einem ihm gehörenden Herr-
schaftshaus „zum Gensfleisch", da sich im Mittelalter die Bürger häufig nach ihrem Hausnamen benannten. Dessen Urenkel

Abb. 5. Wappen des Mainzer Patriziergeschlechtes *Gensfleisch*

Friele Gensfleisch zur Laden heiratete 1386 in zweiter Ehe *Else
Wirich zum steinen Krame.* Aus dieser Verbindung gingen drei
Kinder hervor, deren jüngstes, *Johannes* (auch *Henchen, Hengin,
Henne, Henn* genannt), im Haus zum Gensfleisch geboren wurde.
Johannes Gensfleisch zum Gutenberg führte das *Gensfleisch-*
Wappen, welches einen gebückt dahinschreitenden Mann darstellt,

der — barfuß, mit zerrissenen Hosen, auf einen Knotenstock ge-
stützt — eine Schale vorstreckt. Alles deutet darauf hin, daß
dieses Wappen einen Bettler darstellt (und nicht, wie häufig be-
hauptet wird, einen Pilger). Die Heraldiker haben noch keine
Erklärung gefunden, weshalb das mächtige, reiche Patriziergeschlecht *Gensfleisch* sich einen Bettler für sein Wappen wählte.
Von *Gutenbergs* Aussehen haben wir kein zeitgenössisches Bild
und keine Beschreibung. Das heute häufig veröffentlichte Bildnis
(siehe Einband) geht auf einen 116 Jahre nach *Gutenbergs* Tode
entstandenen Kupferstich zurück, dessen Künstler unbekannt ist
und das in *André Thevets* illustrierter Lebensbeschreibung berühm-
ter Männer („Vies et portraits des hommes illustres", Paris 1584)
erstmals veröffentlicht wurde. Leider sind alle überlieferten *Gutenberg*bildnisse, auf denen allen *Gutenberg* mit einem langen, wal-
lenden Bart dargestellt ist, falsch: In seiner Zeit trugen die
Patrizier keine langen Bärte, ja, ein langer Bart war das Zeichen
eines Pilgers oder eines Juden!
So wenig wie über *Gutenbergs* Aussehen ist über seine Kindheits-
und Jünglingsjahre bekannt. So wissen wir auch nicht zuverlässig,
wie er zu metalltechnischen Fertigkeiten gelangte, woher seine
große Kunstfertigkeit kam, sein Interesse an metalltechnischen Din-
gen. Mehrere Mitglieder der Mainzer Familie *Gensfleisch*, so *Gutenbergs* Vater, gehörten der Münzerhausgenossenschaft an. *Gutenberg*
selbst aber hatte nicht den dafür nötigen Ahnennachweis: alle
vier Großeltern mußten städtische Patrizier sein, *Gutenbergs*
Mutter entstammte väterlicherseits aber dem Kaufmannsstande.
Im Jahre 1421 zählten fünf Angehörige der Familie *Gensfleisch*
zu den Münzerhausgenossen, die das Metall zur Münzprägúng
lieferten und es auf Gewicht und Reinheit zu prüfen hatten. So
war *Gutenberg* sicher schon von Jugend an mit verschiedenen
Metallarbeiten vertraut. Bei der Zunft der Goldschmiede wurde
er als Zugeselle geführt. Als Goldschmied, der zugleich die Kunst
des Metallgießens und Steineschneidens beherrschen mußte, hatte
Gutenberg die nötige technische Erfahrung für die Realisierung
seiner Erfinderidee.
Die Stadt Mainz war damals hochberühmt für ihre geschickten
Goldschmiede und Edelsteinschleifer. Gab es doch selbst noch
nach der Einnahme der Stadt durch *Adolf von Nassau* im Jahre
1462 in der verarmten Stadt Mainz 29 Goldschmiedemeister,

während im dreimal so großen und viel reicheren Nürnberg nur
16 Goldschmiede arbeiteten!

In die politischen Händel seiner Heimatstadt Mainz war *Gutenberg*
schon in jungen Jahren verwickelt.

Mainz gehörte wie Köln, Worms, Speyer, Straßburg, Basel und
Regensburg zu den Freistädten, die von der Reichssteuer befreit
waren. *Ludwig der Bayer* nennt 1331 erstmals die Städte Mainz,
Worms und Speyer „unsere und des richs frien stete uf dem Ryn“,
die „der dienste fri sint unde nicht schuldig sint“. Diese Städte
besaßen schon seit dem 13. Jahrhundert eine Ratsverfassung.

Die deutschen Kaiser verfolgten den Städten gegenüber eine zwie-
spältige Politik. In manchen Maßnahmen, z. B. in der Anerkennung
der Ratswahl, zeigten sie sich städtefreundlich. In anderen Rege-
lungen dagegen, z. B. in der Bestellung des Rates durch den
Bischof, bewiesen sie eine fürstenfreundliche Haltung.

Den Fürsten waren die freien Städte ein Dorn im Auge, denn sie
hätten deren Reichtum gern ihrer Herrschaft unterworfen. Aber
auch der Adel und der vornehme Klerus standen den Städten
feindlich gegenüber.

Mainz war freie Stadt und Bischofssitz. Sie besaß eine besondere
politische Stellung im Rheinischen Städtebund, den sie „mit Richter und Rat“ leitete. Im Rat waren die bedeutenden Patrizier-
familien vertreten. Ihre ökonomische Macht führte dazu, daß um
1300 der Rat das Leben der Stadt Mainz bestimmte.

Der Verfall der Zentralgewalt hatte zur Verarmung des Ritter-
standes geführt und den Haß des tief verschuldeten Edelmannes
gegen die wohlhabenden Bürger gerichtet. Am stärksten ausgebeu-
tet und erniedrigt wurden die Bauern, deren erste Aufstände
(der Ruf „Bundschuh“ ertönte erstmals 1398) ebenso wie der
Zulauf zu religiös reformistischen Bewegungen mit sozialen Forderungen (z. B. den Waldensern) schon Vorboten der deutschen
frühbürgerlichen Revolution, des Bauernkrieges, waren.

Aber auch in den Städten kam es infolge der sich entwickelnden
sozialen Unterschiede zu Auseinandersetzungen. Die Opposition
der Zünfte erstarkte, und es begannen langjährige Kämpfe zwischen
den Patriziergeschlechtern und den Zünften.

In Mainz waren die *Gensfleisch* an diesem erbitterten Kampf
beteiligt, in dessen Folge *Johannes Gutenberg* als Parteigänger
seiner Standesgenossen aus Mainz auswanderte.

20

Abb. 6.   Ansicht der Stadt Mainz im 15. Jahrhundert

Die Zünfte verlangten von den Patriziergeschlechtern die Zahlung von Steuern, die Verpflichtung, mindestens 10 Jahre lang die Stadt nicht zu verlassen, sowie bei der Wahl des Stadtrates keine Beachtung der Standeszugehörigkeit. Das bedeutete die Abschaffung des patrizischen Vorrechts, die Hälfte der Ratsherren zu stellen. Die Mehrzahl der Geschlechter unterwarf sich nicht, verließ Mainz und wurde darauf in die Acht getan.

Versöhnungsversuche zwischen Zünften und Patriziern, deren einige dennoch in der Stadt geblieben waren, scheiterten, ebenso Vermittlungsversuche der Städte Worms, Speyer und Frankfurt. 1429 wurde der neue Stadtrat gewählt — ohne Ansehen des Standes. In diesen Auseinandersetzungen konnte der Erzbischof seine Macht stärken. Der Versöhnungsvertrag von 1430 kam schließlich unter Mitwirkung des Erzbischofs *Konrad III.* von Mainz zustande. Darin wird den Ausgewanderten, auch *Johannes Gutenberg*, die Rückkehr unter der Bedingung gestattet, daß sie durch ihre Unterschrift den Vertrag bestätigen.

Gutenberg scheint nicht zurückgekehrt zu sein, weshalb die Mainzer Stadtkasse ihm auch die Rentenauszahlungen sperrte. Mit seinem Bruder *Friele Gensfleisch* wandte sich *Johannes Gutenberg* nach Straßburg. 1434—1444 hat *Johannes Gutenberg* nachweislich in Straßburg gelebt.

4. STRASSBURGER AUFENTHALT UND RÜCKKEHR NACH MAINZ

> Sicherlich gehörte ein sehr wirksamer, sehr weiter, alle Hilfsmittel eines geschmeidigen und kräftigen Geistes beanspruchender Weg dazu, um von dem schöpferischen Gedanken der Typographie bis zu der meisterhaften Ausführung zu gelangen, die dieser Gedanke schon in *Gutenbergs* ersten Drucken gefunden hat. Allein, immer war der Erfinder ein Kind seiner Zeit und beschritt nicht einsam einen einsamen Weg, sondern erreichte 'nur als Erster ein Ziel, dem noch viele andere mit heißem Bemühen nachtrachteten.
>
> *Franz Mehring*

Da *Gutenberg* die Rückkehr nach Mainz abgelehnt hatte und die Stadt Mainz ihm daraufhin die Auszahlung der Leibrente sperrte, führte er mit seiner Vaterstadt einen Rechtsstreit um die Renten und Zinsen, deren Summe im Jahr 1434 immerhin 310 rheinische Gulden betrug.

Mit Entschlossenheit und Tatkraft machte *Gutenberg* den Mainzer Stadtschreiber *Nicolaus von Wörrstadt,* den Führer und Sprecher der Mainzer Zünfte, bei seinem Besuch in Straßburg für diese Schulden haftbar. Er ließ ihn in den Schuldturm sperren und schwören, persönlich die 310 Gulden zu zahlen. In einem Protokoll vom 14. März 1434 entband *Gutenberg* den Gefangenen von dem Eid, wohl auf Vermittlung des Straßburger Rates, verzichtete aber nicht auf seine Forderungen. Offenbar verpflichtete sich die Stadt Mainz zur Zahlung der rückständigen Renten, denn *Nicolaus von Wörrstadt* wurde freigelassen, und die Mainzer Rechnungsbücher weisen wieder Zahlungen an „*Henne Gensfleisch* genannt *Gutenberg"* aus. Für *Gutenbergs* schroffen Charakter und Patrizierstolz sprechen weitere Rechtshändel, in die er in Straßburg verwickelt war. So wurde er 1436 von der Straßburger Bürgerstochter *Ennelin zu der yserin (eisernen) Thure* wegen gebrochenen Eheversprechens vor dem geistlichen Gericht verklagt. Obwohl der Ausgang dieses Prozesses nicht bekannt ist, steht fest, daß *Gutenberg* die Klägerin nicht geheiratet hat. Mit seinem verheirateten Diener *Lorenz Beildeck* lebte und arbeitete er in der Straßburger Vorstadt St. Arbogast. Der Eheverspruchsprozeß hatte für *Gutenberg* aber noch eine Beleidigungsklage im Gefolge: Der Schuhmacher *Claus Schott,* der zugunsten der *Ennelin zur eisernen*

Tür ausgesagt hatte, wurde von *Gutenberg* beleidigt und klagte gegen diesen. In einem vorläufigen Urteil mußte *Gutenberg* im Jahre 1437 an *Schott* 15 rheinische Gulden bezahlen. Das Schlußurteil ist uns auch für diesen Prozeß nicht überliefert. Als Mainzer Patrizier (*Gutenberg* erwarb nicht das Straßburger Bürgerrecht), der aber mit handwerklichen Arbeiten beschäftigt war, blieb seine soziale Stellung den Akten nach ungenau. So finden wir ihn einmal als Nachconstofeler, d. h. Halbmitglied der Constafeln, der beiden Organisationen der städtischen Patrizier, ein andermal als Zugeselle (Halbmitglied) der Goldschmiedezunft, aber auch als einer derer, „die mit niemand dienen“. Bei dem Aufgebot, das 1444 gegen die von Frankreich anrückenden Söldnerscharen der Armagnaken erging, steht *Gutenberg* als Zugeselle auf der Liste der Goldschmiede; an den Kämpfen im Herbst 1444 scheint er persönlich nicht beteiligt gewesen zu sein, da sein Name in den Berichten nicht genannt wird.

Gutenbergs Vermögensverhältnisse müssen in Straßburg zunächst gut gewesen sein. Dafür sprechen das Bemühen der *Ennelin zur eisernen Tür* um den damals schon etwa Vierzigjährigen, die Verpflichtung für *Gutenberg,* im Kriegsfalle nach Straßburger Stallordnung für ein halbes Pferd aufzukommen (was einem Vermögen von 400 bis 800 Pfund Straßburger Denare entsprach), die Tatsache, daß z. B. 1439 sein Keller 1924 Liter Wein barg (wie die Weinsteuerliste ausweist) sowie 1441 sein Eintreten als Bürge für einen Straßburger Edelknecht, der ein Darlehen aufnehmen wollte.

Bereits ein Jahr später mußte *Gutenberg* selbst beim Stift St. Thomas Geld leihen. Daß *Gutenberg* aber schon vor 1442 Kapital aufgenommen hatte, geht aus den Akten eines Prozesses hervor, die erste Nachricht geben von einer durch *Gutenberg* ausgeübten geheimen Kunst.

Der Prozeß fand 1439 vor dem Stadtgericht in Straßburg statt. Der Straßburger Bürger *Jörg Dritzehn* klagte — zugleich im Namen seines Bruders *Claus Dritzehn* — gegen *Johannes Gutenberg.* Aus den erhalten gebliebenen Protokollen von 15 Zeugenvernehmungen (insgesamt traten 33 Zeugen auf!) und dem Urteilsspruch vom 12. Dezember 1439 geht hervor, daß *Gutenberg* in Straßburg in verschiedenen handwerklichen Fertigkeiten gegen Lehrgeld Unterricht erteilte. So lehrte er den Straßburger Bürger *Andreas*

Dritzehn „stein bollieren", d. h. Edelsteinschleifen (vielleicht auch das Zurichten und Einfassen der Steine).

1438 schloß *Gutenberg* mit drei Gesellschaftern (*Hans Riffe, Andreas Dritzehn* und *Andreas Heilmann*) einen Vertrag zur Herstellung von Spiegeln für die Aachener Wallfahrt, die alle sieben Jahre stattfand. Die Aachenspiegel waren nach *Köster* keine einfachen Spiegel, sondern „Spiegelzeichen", d. h. Pilgerzeichen, in die kleine Metallspiegel eingebracht wurden. Da *Gutenberg* ein sehr hohes Lehrgeld verlangte, muß es sich um ein besonderes Verfahren der Spiegelfabrikation gehandelt haben, vielleicht um ein rascheres und rationelleres Herstellungsverfahren mit Aussicht auf hohen Gewinn, denn die Nachfrage ging in die Hunderttausende. Leider sind keine Spiegel aus dieser Zeit erhalten, so daß über das Material nichts bekannt ist. Es ist anzunehmen, daß *Gutenberg* mit Antimon gehärtetes Blei verwandte, ein auch als Typenmaterial in hohem Maße geeignetes Material!

Die Aachener Wallfahrt fand aber erst 1440, und nicht — wie von den Geschäftsfreunden erwartet — 1439 statt. So widmete man sich nach Abschluß eines neuen Gesellschaftsvertrages zwischen *Gutenberg, Hans Riffe, Andreas Dritzehn* und *Andreas Heilmann* einer von *Gutenberg* erfundenen geheimen Kunst. Dieser Vertrag sollte 1438 bis 1443 gelten. Bereits Weihnachten 1438 starb aber *Andreas Dritzehn.* Im Vertrag, der zwar nicht als besiegelte Urkunde vorlag, wohl aber schriftlich im Nachlaß des *Andreas Dritzehn* gefunden wurde, war festgelegt, daß bei Ableben eines Teilhabers die Erben nach Ablauf des Vertrages 100 Gulden erhalten, alle Geräte und Produkte aber im Besitz der anderen Teilhaber verbleiben sollten. *Andreas Dritzehn* hatte viel Geld in *Gutenbergs* Unternehmen investiert, deshalb verlangten nun seine Brüder, selbst in das gewinnversprechende Geschäft als Teilhaber aufgenommen zu werden. *Gutenberg* aber erbot sich nur, da ihm der Verstorbene noch 85 Gulden Lehrgeld schuldig geblieben sei, die auf die vereinbarten 100 Gulden fehlenden 15 Gulden sofort auszuzahlen. Dem Straßburger Gericht, vor das die Brüder *Dritzehn* ihre Klage brachten, genügte der Eid, daß der Vertrag in der aufgefundenen Form verabredet sei, um den Streit im Sinne *Gutenbergs* zu entscheiden. Das Urteil bestimmte, daß er nach Auszahlung der 15 Gulden den Erben des *Andreas Dritzehn* gegenüber keine Verpflichtungen mehr habe. Wenn auch aus den

Prozeßakten hervorgeht, daß die *Gutenberg*sche Genossenschaft häufig größere Summen für ein offenbar gewinnversprechendes Unternehmen geliehen hatte, blieben alle Eingeweihten sehr zurückhaltend mit ihren Aussagen über die ausgeübte Kunst. Stets aber wird als deren eigentlicher Erfinder *Gutenberg* bezeichnet.

In den Zeugenaussagen ist auch von einer Presse die Rede, welche *Konrad Saspach* angefertigt hatte. Auch habe die *Gutenberg*sche Genossenschaft Blei und anderes Material gekauft. Sofort nach *Andreas Dritzehns* Tod ließ *Gutenberg* alle „Formen" einschmelzen und gab Anweisung, die im Hause des *Andreas Dritzehn* stehende Presse zu zerlegen. *Konrad Saspach* fand sie aber nicht mehr, und sie war noch 1446 im Besitz der Brüder *Dritzehn*. Besonders bemerkenswert ist auch die Aussage des Goldschmiedes *Hans Dünne*. In den Akten steht:

Item *Hanns Dünne* der goldsmyt hat geseit, das er vor dryen joren oder dobij *Gutenberg* bij den hundert guldin abe verdienet habe, alleine das zu dem trucken gehöret.

Hans Dünne, der anscheinend aus einer Frankfurter Goldschmiede- und Münzstempelschneiderfamilie stammte, hatte also sogar schon um 1436 an *Gutenberg* bei 100 Gulden verdient allein an dem, „das zum trucken gehöret". Der Begriff „drucken" war damals durchaus geläufig. Als Drucker bezeichnete man schon vor Erfindung des Buchdrucks die sogenannten Briefdrucker, die Bilder und kürzere Texte von Holztafeln druckten. Somit kann man aus den in den Prozeßakten verwendeten Termini „presse", „formen", „stucke" (Stücke), „gezügk" (Gezeug), „blei", „snytzel gezug" (Graveurgerät?) wohl schließen, daß *Gutenberg* sich in Straßburg mit ersten Druckversuchen beschäftigte. Es ist aber bis heute kein Bruchstück irgendeines Druckes aus dieser Straßburger Zeit aufgefunden worden, so daß man annehmen muß, daß die Versuche noch erfolglos verliefen. Die letzte Urkunde aus Straßburg ist der Vermerk im Helbelingzollbuch, daß *Gutenberg* am 12. März 1444 einen Gulden Zoll bezahlt hat.

Nicht zu belegen sind die Vermutungen, wo sich *Gutenberg* bis zu seiner Rückkehr nach Mainz aufgehalten hat. Interessant ist die Hypothese von *Varbanec*, daß *Gutenberg* religiös reformistischen Bewegungen nahestand und sich in der betreffenden Zeit den Waldensern oder sogar den Hussiten angeschlossen hatte. Aber auch dafür fehlt bisher jeder Beweis.

5. DER PROZESS FUST GEGEN GUTENBERG

> Keineswegs scheint *Gutenberg* der weltfremde Erfinder gewesen zu sein, der von dem gerissenen Kaufmann *Fust* um den Ertrag seiner Arbeit betrogen wurde ... Beiden Partnern ging es um die Vorherrschaft in ihrem Unternehmen.
>
> *Hans Lülfing*

Gutenberg scheint nicht als reicher Mann nach Mainz zurückgekehrt zu sein, denn die erste dort urkundlich belegte Handlung war die Aufnahme eines Darlehens von 150 Gulden am 17. Oktober 1448. Da er aber offensichtlich kein verpfändbares Eigentum mehr besaß, haftete sein Verwandter *Arnolt Gelthus* mit den Einkünften mehrerer Häuser für ihn. Den Hof zum Gutenberg bewohnte der Erfinder offenbar selbst, so daß er keine Einnahmen abwarf.

Die geliehenen 150 Gulden konnten keinesfalls zur Fortführung der Straßburger Druckversuche genügen. Daß *Gutenbergs* Unternehmen aber großzügig geplant war und Gewinn abwerfen sollte, geht aus einem wertvollen Dokument hervor, dem Helmaspergerschen Notariatsinstrument. Diese Urkunde, selbst nur Teil einer umfangreicheren Gerichtsakte, betrifft die Klage des Mainzer Bürgers *Johannes Fust* im Jahre 1455 gegen *Johannes Gutenberg*. Das kostbare Aktenstück, heute im Besitz der Göttinger Universitätsbibliothek, enthält nicht nur den ersten Klagepunkt des *Johannes Fust* und das Urteil des Mainzer Gerichts dazu, sondern beweist auch, daß *Gutenberg* mindestens seit 1450 sich mit Arbeiten zum Druck von Büchern beschäftigte.

Das Helmaspergersche Notariatsinstrument ist die notarielle Bezeugung eines Eides, den *Fust* am 6. November 1455 im Barfüßerkloster zu Mainz vor dem Kleriker und Notar *Ulrich Helmasperger* ablegte, um nachzuweisen, daß er einen ersten *Gutenberg* geliehenen Betrag von 800 Gulden selbst gegen Zinsen geborgt und *Gutenberg* gegeben habe, damit „mit solichem Gelte er sin geczuge zurichten und machen sollte". Mit diesem Gelde sollte *Gutenberg* also den Druckapparat einrichten, der bis zur Rückzahlung des Geldes das Pfand für *Fust* darstellte. *Gutenberg* hatte sich schriftlich verpflichtet, 6% Zinsen (jährlich 48 Gulden) zu zahlen, wovon *Fust* ihn aber mündlich entband. Weitere 800 Gulden gab *Fust* 1452 an *Gutenberg*, um „das Werk der Bücher" — wohl den Druck der 42zeiligen Bibel — zu ermöglichen.

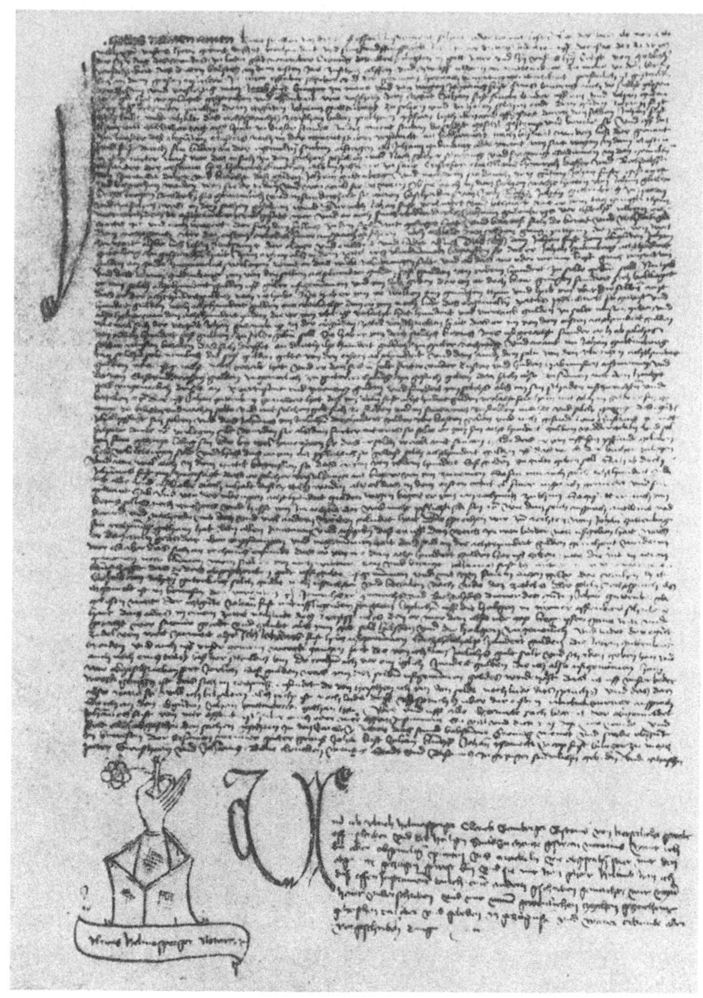

Abb. 7.   Das Helmaspergersche Notariatsinstrument von 1455

Ob unter dem „Werk der Bücher" wirklich ein bestimmtes Buch
wie die 42zeilige Bibel zu verstehen ist, läßt sich nicht mit Sicherheit aus dem Helmaspergerschen Notariatsinstrument entnehmen.
Kapr kommt bei seinen Überlegungen zu dem Schluß, daß es sich
bei dem „Werk der Bücher" um die Offizin für Bücher, um die

28

*Gutenberg-Fust*sche Gemeinschaftsdruckerei gehandelt habe. Vielleicht existierte neben dieser gut ausgestatteten Werkstatt zum Druck von Büchern weiterhin Gutenbergs erste Mainzer Werkstatt im Gutenberghof, in der Kleindrucke (Donate, Kalender, Ablaßbriefe) hergestellt wurden, damit die Arbeit an der 42zeiligen Bibel ungestört blieb. Dann könnte *Fusts* Klage wegen Veruntreuung von ihm geliehener Gelder aber so zu verstehen sein, daß *Gutenberg* von dem *Fust*schen Anteil für die Gemeinschaftsdruckerei Gelder für seine Druckerei im Gutenberghof verwendet hatte. Was auch immer der unmittelbare Anlaß für das Zerwürfnis zwischen *Fust* und *Gutenberg* war — nach unserem Empfinden erscheint es nicht sehr lauter, wenn *Fust* zu dem Zeitpunkt, als die Arbeit an der großen 42zeiligen Bibel vollendet war, *Gutenberg* durch seine finanziellen Forderungen aus dem Geschäft zu drängen trachtete. *Fust* verlangte vor Gericht die zweimal 800 Gulden samt Zinsen, insgesamt 2020 Gulden. Das war eine ungeheure Summe, denn für 800 Gulden konnte man 100 Mastochsen kaufen.

Gutenberg bestritt vor Gericht nicht, das Geld von *Fust* erhalten zu haben. Die ersten 800 Gulden seien aber für Werkzeug bestimmt gewesen, das als Sicherheit an *Fust* verpfändet sein sollte. Der Verpflichtung, jährlich 300 Gulden für Gehilfenlohn, Miete, Pergament, Papier und Tinte zu geben, sei *Fust* auch nicht regelmäßig nachgekommen. Die sechsprozentige Verzinsung habe *Fust* ihm erlassen. Über die zweiten 800 Gulden, bestimmt für „das Werk der Bücher", könne er *(Gutenberg)* Abrechnung über die Verwendung geben, aber keine Zinsen zugestehen.

Ruppel weist anhand der Höhe der Zinsen nach, daß *Fust* das Darlehen von 800 Gulden und den Geschäftsanteil von erneut 800 Gulden zu verschiedenen Zeitpunkten einzahlte. Erst als die Werkstatt fertig und das „Werk der Bücher" begonnen war, fing *Fust* an, seinen Geschäftsanteil einzuzahlen, um als Teilhaber vom erhofften Gewinn zu profitieren. Es gibt keinen Zweifel, daß trotz der finanziellen Beteiligung *Fusts* allein *Gutenberg* das Unternehmen technisch und kaufmännisch leitete. Daß die Werkstatt Bücher herstellte, geht mit aller Deutlichkeit aus dem Helmaspergerschen Notariatsinstrument hervor: Für das „Werk der Bücher" wurden u. a. „Pergament, Papier und Tinte" gebraucht, wobei mit „Tinte" sicher Druckerschwärze gemeint ist. Da das Anschaffungskapital für das geczuge sehr hoch war, können wir darunter nur

den teuren Druckapparat mit Gießinstrument, Stempeln, Matern,
Bleitypen, Setzkästen und Pressen verstehen.
Wir wissen weder, wie viele Punkte die Klage *Fust* gegen *Gutenberg* enthielt, noch wie der gesamte Prozeß vom Jahr 1455 aus-
ging. Das Urteil des Mainzer Gerichts auf den ersten Klagepunkt
Fusts belastete *Gutenberg* mit den zuerst erhaltenen 800 Gulden,
mit dem als Geschäftseinlage eingezahlten, nicht auf das Gemeinschaftswerk verwendeten Geld, sowie mit den Zinsen dieser Summen.
Selbst bei Rückzahlung der ersten 800 Gulden wäre *Fust* also
Teilhaber des Geschäftes geblieben. Es ist anzunehmen, daß *Fust*
auf Grund des Pfandrechtes in den Besitz der *Gutenberg*schen
Werkstatteinrichtung kam, denn kurz nach dem Bruch mit *Gutenberg* begründete er mit *Peter Schöffer*, dem bisherigen Druckergesellen *Gutenbergs*, der schon für *Fust* als Zeuge im Prozeß
aufgetreten war, eine große Druckerei. Diese schuf ausgezeichnete
Drucke und erzielte bald hohe Gewinne. *Fust* selbst scheint die
technische Leitung dabei *Peter Schöffer* überlassen zu haben; er
selbst reiste als Verleger und Buchhändler wiederholt nach Paris,
wo er am 30. Oktober 1466 wahrscheinlich an der Pest starb.
Gutenberg selbst behielt die Druckgeräte und Materialien, die
sich schon vor 1450 (vor Verpfändung der Werkstatt an *Fust*) in
seinem Besitz befunden hatten, so die Donat- und Kalendertype,
aber auch die von ihm selbst nicht mehr verwendete Type der
42zeilige Bibel.

6. DIE ERFINDUNG DES BUCHDRUCKS. DRUCKE IN DER DONAT- UND KALENDERTYPE

> Weil aber der Ursprung der Druckkunst in unserer goldenen
> Stadt Mainz ans Licht trat ..., so ist es recht und billig, daß
> der Ruhm dieser Kunst von uns ungeschmälert gewahrt werde.
>
> Erzbischof *Berthold von Mainz*, 1486

In allen späteren Nachrichten, besonders aber in der berühmten
Schlußschrift des Cahtolicondruckes von 1460, wird Mainz als die
Stadt der Erfindung des Buchdruckes genannt. In seine Vaterstadt
Mainz ist *Gutenberg* wahrscheinlich vor 1448, d. h. vor der urkundlich belegten Darlehensaufnahme der 150 Gulden zurückgekehrt.
Und aus dieser Zeit stammen die ältesten Fragmente typogra-
phischer Drucke. Für die ersten Druckversuche wählte man kurze,
häufig gebrauchte Texte, die raschen Absatz und gute Einnahmen
garantierten. Solche Büchlein sind aber besonders dem Verschleiß
und der Zerstörung ausgesetzt gewesen. *Ruppel* weist darauf hin,
daß wir die erhaltenen Bruchstücke vor allem dem Brauch der
alten Buchbinderwerkstätten verdanken, alte Bücher als Makulatur
aufzukaufen und damit die Einbände zu verstärken. Deshalb haben
*Gutenberg*forscher ganze Bibliotheken nach solchen Blättern durch-
gesehen und erfolgreich diese frühesten Druckerzeugnisse aus den
Einbänden gelöst.
Es gibt keine Klarheit, welche der Mainzer Frühdrucke wirklich
von *Gutenberg* stammen, an welchen er beteiligt war, welche ihm
nur zugeschrieben werden, da *Gutenberg* sich in keinem seiner
Werke mit Namen nannte. Die ersten Drucke erschienen ohne
Namen von Drucker oder Verleger, ohne Ort oder Jahreszahl.
Betrachten wir die ersten Druckerzeugnisse, so sind wir noch heute
von ihrer Schönheit, der vollkommenen Harmonie entzückt. Um
diese Vollkommenheit zu erreichen, die Drucke der mittelalterlichen Handschrift anzunähern, entwarf *Gutenberg* ein kompliziertes
Schriftsystem. Für jeden Druck fertigte er eine Vielfalt von Schrift-
zeichen, die eine Ursache für die seitdem unerreichte Schönheit
seiner Werke sind und uns den großen Erfinder nicht nur als
Techniker, sondern auch als bedeutenden Schriftkünstler zeigen.
So wandte *Gutenberg* neben den Normalbuchstaben die Abkür-
zungen der mittelalterlichen Handschriften an (z. B. neben p auch

$\bar{p}$ für pre und $\mathcal{p}$ für per) sowie Ligaturen und Anschlußbuchstaben. Es gelang ihm in vollkommener Weise, mit Bleibuchstaben ein Schriftbild zu schaffen, das so schön und lebendig ist, wie es die wertvollsten Handschriften des Mittelalters zeigen.

In welcher Technik *Gutenberg* seine Typen herstellte, wie er setzte und druckte, ist nicht sicher bekannt. Vertraut mit allen Metalltechniken, fand er wohl vom Stempelschneiden den Schritt zur Herstellung der Matrize für den Typenguß: Er mußte nur den Buchstabenstempel — in Spiegelschrift in härteres Metall graviert — in weicheres Metall schlagen. Das Material für den Stempel mußte härter sein als das für die Matrize, dieses wiederum härter als das Schriftmetall. *Schmidt-Künsemüller* nimmt als Material für die Matrizen Kupfer, Messing oder eine Messinglegierung an, für den Stempel Stahl oder gehärtetes Eisen. Da uns keine Typen aus der frühesten Zeit der Druckkunst erhalten sind, können wir auch nur annehmen, daß das Schriftmetall ähnliche Zusammensetzung wie in der Gegenwart besaß. Im Straßburger Prozeß ist ja auch Blei erwähnt, aber Blei allein war zwar leicht schmelzbar (bei 327°), jedoch zu dickflüssig. Zweifellos vermischte es *Gutenberg* schon zu etwa einem Viertel mit dem ebenfalls leicht schmelzbaren (bei 232°) und dünnflüssigen Zinn. Beides war aber zu weich, so daß ein härtender Zusatz von Antimon erfolgte. Antimon beeinflußte Schmelzpunkt und Flüssigkeit der Legierung nicht zu sehr und hatte darüber hinaus den Vorteil, sich beim Erkalten auszudehnen. Sicher kannte *Gutenberg* diese Eigenschaften und fand so in der Blei-Zinn-Antimon-Legierung die für das Schriftenmaterial beste Zusammensetzung, die bis heute beibehalten wurde.

Die wichtigste Erfindung *Gutenbergs* war aber das Handgießinstrument, womit aus den Matrizen die Typen in großer Anzahl gegossen werden konnten. *Bogeng* bezeichnet das Gießinstrument als eine Konstruktion, deren anscheinende Einfachheit, wie immer bei technischen Erfindungen, nicht die einer Minderwertigkeit, sondern die einer alle Ansprüche an exakte Arbeitsweise, unbedingte Betriebssicherheit, Fehlen aller hemmenden und unverwendbaren Teile, volle Ausnutzung billiger Arbeitskraft und kurzer Arbeitszeit, erfüllenden höchsten Leistungsfähigkeit ist.

Mittels beweglicher Aufsatzwinkel, der verstellbaren Gießform, gelang es, Letternbild und Typenkörper in einem Vorgang herzu-

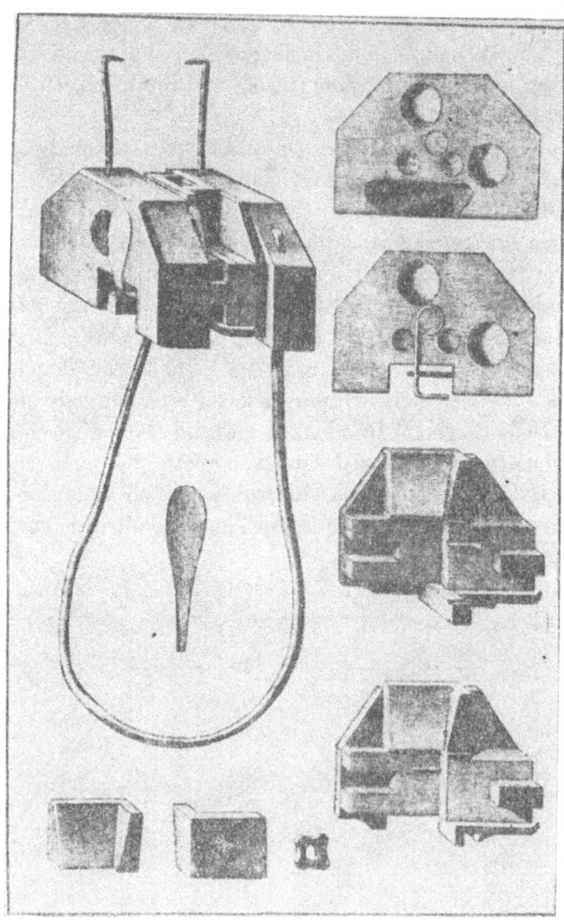

Abb. 8. Das Handgießinstrument

stellen. Für *Gutenberg* war es wesentlich, daß die Buchstaben
ganz genau und gleichmäßig ausfielen, sowohl in der Typengröße
als im Stäbchen. Nur so ließ sich ein fest aneinandergefügter
Satz in der Zeile erreichen.
Waren die gegossenen Typen abgeschliffen und geglättet, wurden
sie in den Setzkasten geordnet. Wie in heutigen Handsetzereien
fügte der Setzer in den auf Zeilenbreite eingestellten Winkelhaken

(damals ein längliches Holzbrettchen mit einer Begrenzungsleiste an je einer Längs- und Querseite) die Typen und zwischen die Wörter niedrigeres Blindmaterial, das nicht mit eingefärbt und abgedruckt wurde.

Die älteste Abbildung einer Buchdruckerpresse (im Lyoner Totentanz von 1509) läßt das Prinzip der ersten Presse trotz aller Ungenauigkeiten erkennen. Wenn *Gutenberg* auch das technische Prinzip der Spindelkonstruktion von den bereits bekannten Pressen (man verwendete Papier- und Buchbinderpressen, Weinpressen und Pressen zum Bedrucken von Stoffen) übernehmen konnte, so mußten doch alle Vorrichtungen für einen gleichmäßigen, reinen Abdruck erdacht werden. *Gutenbergs* hölzerne Handpresse bestand aus einer starken Spindel aus Eichenholz, die durch einen Schwengel in einem Querbalken auf und ab bewegt wurde, wobei sich der sogenannte Tiegel (eine Eisenplatte) hob und senkte. Unter diesem Tiegel befand sich ein Schlittengestell zum Ein- und Ausfahren des Fundaments. Auf dem Fundament wurde der abzudruckende Satz eingekeilt.

Abb. 9. Älteste Darstellung einer Druckerei. Lyoner Totentanz 1499

Ein ausgeschnittenes Rähmchen umschloß genau den Satz und hielt den Papierbogen fest. Damit die Bogen auch auf der Rückseite an der genau gleichen Fläche bedruckt wurden, besteckte *Gutenberg* das Rähmchen mit Nadeln, die den zu bedruckenden Bogen durchstachen und im Rähmchen befestigten. Beim Umdrehen des Bogens mußten nur die Nadeln wieder in die alten Löcher kommen, und das genaue Registerhalten war gewährleistet. Wie ging der Vorgang des Druckens vor sich? Das Rähmchen mit dem eingelegten Bogen wurde auf den eingefärbten Satz geklappt, dieser auf dem Schlittengestell unter den Tiegel geschoben, der sich durch einen Zug am Schwengel senkte und das Papier auf den Satz preßte. Durch Zurückschieben des Schwengels löste sich der Tiegel, der Satz wurde ausgefahren und das Rähmchen abgehoben. Da das sehr gute starke und rauhe Papier vor dem Bedrucken angefeuchtet werden mußte, hing man die bedruckten Bogen an Leinen zum Trocknen auf.

Die genauen Bestandteile der „dinte", der tiefschwarz glänzenden Druckerschwärze, die *Gutenberg* verwendete, sind uns nicht bekannt. Man weiß nur, daß der Ruß von Wachskerzen oder Kiefernholz und Leinölfirnis Verwendung fanden.

Das Einfärben des Satzes erfolgte mit Druckerballen, den mit weichem Leder überzogenen Roßhaarpolstern, die zum Wahrzeichen der Drucker wurden.

Erste Leistungen der *Gutenberg*schen Presse erschienen seit etwa 1445 — noch nicht vollkommen, noch mit Mängeln behaftet. Es wurde bereits darauf hingewiesen, daß es widersprüchliche Meinungen darüber gibt, welche Drucke *Gutenberg* zuzuschreiben sind, und allein durch den Vergleich der Typen wird keine eindeutige Zuordnung möglich sein. Es konnte aber nachgewiesen werden, daß die Donat- und Kalendertype die Urtype *Gutenbergs* ist.

Unter Donat versteht man die in lateinischer Sprache abgefaßte Schulgrammatik des Latein, verfaßt von *Aelius Donatus.* Diese Grammatik diente als vielgebrauchtes Schulbuch, da Latein im Mittelalter Hauptfach in den Schulen war. So kennen wir Fragmente von 24 Auflagen des *Donatus,* in *Gutenbergs* ältester Type gedruckt! Zunächst aus 147 Zeichen bestehend, wurde diese Type bis zur Ausführung der 36zeiligen Bibel stets verbessert. Daher wird sie auch Type der 36zeiligen Bibel genannt. Vorbild dafür war die mittelalterliche Missalschrift.

Als ältesten Druck in dieser Type und damit zugleich ältesten Typendruck überhaupt bezeichnet man das sogenannte „Fragment vom Weltgericht", dessen nur 9 × 12,5 cm großes, beidseitig bedrucktes Bruchstück im Mainzer *Gutenberg*-Museum aufbewahrt wird. Der Text stammt aus einem Thüringischen Sibyllenbuch, und das aufgefundene Fragment handelt vom Jüngsten Gericht.

Noch ist der Druck unvollkommen: Die Zeilen sind holprig, die Ränder unscharf. Über das genaue Jahr des Druckes ist sich allerdings die Fachwelt im unklaren: die Datierungen differieren von „1440/44 in Straßburg" bis „1453 in Mainz".

Die aufgefundenen Donat-Bruchstücke unterscheidet man nach der Zahl der auf einer Seite befindlichen Zeilen, so daß man heute folgende Donate nennt: zwölf Ausgaben 27zeiliger Donate, drei Ausgaben 28zeiliger Donate, sieben Ausgaben 30zeiliger Donate und zwei Ausgaben 26zeiliger Donate.

Großer Beliebtheit erfreuten sich im Mittelalter astronomische Kalender, so daß die Herstellung von Kalendern für die ersten Drucker sehr lohnend war. 1901 wurden in einem Codex der Wiesbadener Landesbibliothek Teile eines Einblattkalenders gefunden, die die Monate Januar bis April enthalten und in *Gutenbergs* ältester Type gedruckt sind. Dieser Kalender wurde als wesentlicher Anhaltspunkt für die Datierung der ältesten *Gutenberg*-Drucke verwendet, denn aus den astronomischen Angaben des Kalenders datierte man ihn als für das Jahr 1448 bestimmt, somit also 1447 gedruckt. Allerdings wurde diese zeitliche Zuordnung später bestritten, und *Wehmer* nennt als Entstehungszeit 1457 bis 1459. Auch handle es sich um eine Planetentafel für Laienastrologen, deren Angaben für Horoskope bis in die siebziger Jahre verwendbar waren. Das Werk zeigt eine sehr gute Satztechnik mit genau gegossenen Typen, die nur in der 36zeiligen Bibel noch vollkommener sind. Und schon auf Grund der Tatsache, daß der Türkenkalender für 1455, der Aderlaß- und Laxierkalender für 1457 und die Türkenbulle von 1455/56 schlechtere Schriftguß- und Satztechnik zeigen, erhoben sich Zweifel daran, daß der wesentlich bessere astronomische Kalender bereits 1447 entstanden sein könne.

1806 wurde in der Jesuitenbibliothek zu Augsburg der sogenannte Türkenkalender für das Jahr 1455 aufgefunden — das einzige vollständige Exemplar eines der frühesten Drucke *Guten-*

bergs! Auf der ersten Seite steht über dem Text der Titel: „Eyn manung der cristenheit widder die durken". Die kalendarischen Angaben treten auch zurück gegenüber dem Hinweis auf die Türkengefahr und dem Aufruf an alle Mächte der Christenheit (vom Papst über die Staatsoberhäupter bis hin zu den freien Reichsstädten), die Türken zu bekämpfen. Dieser Druck ist genau zu datieren, denn die Nachricht über die Kriegsereignisse in Ungarn traf erst Anfang Dezember 1454 in Mainz ein. Da der Kalender mit dem Neujahrswunsch schließt „Eyn gut selig nuwe Jar", kann man annehmen, daß er vor Silvester 1454 ausgedruckt war.

In der Donat- und Kalendertype fand man noch den Aderlaß- und Laxierkalender für das Jahr 1457, in dem die für Aderlaß und Einnahme von Laxantien günstigen Tage vermerkt waren, den Cisianus, der die Übersetzung eines lateinischen Kalenders darstellt, das Provinciale Romanum, einen Gebetseinblattdruck und die Türkenbulle des Papstes *Calixtus III. Calixtus III.* war 1455 dem Papst *Nikolaus V.* auf den päpstlichen Stuhl gefolgt. Da 1453 Konstantinopel in die Hände der Türken gefallen war, verkündete der neue Papst sofort eine Bulle mit der Aufforderung, am Kreuzzug gegen die Türken teilzunehmen. Die Übersetzung der Bulle ins Deutsche wurde Ende 1455 oder Anfang 1456 in *Gutenbergs* Urtype gedruckt. Das einzige aufgefundene Exemplar ist vollständig erhalten, umfaßt 25 Druckseiten und trägt die Überschrift:

Dis ist die bulla und der ablas zu dutsche die uns unszer allerheiligster vater und herre babst *calist* gesant und geben hat widder die bosen und virfluchten tyrannen die turcken Anno MCCCCLVI...

Das vollkommenste Werk in der Donat- und Kalendertype ist die 36zeilige Bibel, die etwa 1457/58 entstand. Zwar ist die 36zeilige Bibel weniger gut gesetzt und gedruckt als die 42zeilige Bibel, es besteht aber dennoch kein Zweifel, daß sie später entstand. Der fertige Druck der 42zeiligen Bibel diente als Vorlage, denn man ahmte nicht nur den zweispaltigen Satz der 42zeiligen Bibel nach, sondern übernahm auch gewisse Fehler und Besonderheiten im Text. In der großen Donat- und Kalendertype brachte man auf einer Seite nur 36 Zeilen unter und benötigte 884 Folioblätter, während es für die 42zeilige Bibel nur 643 Folioblätter waren. Das gewaltige Werk wurde in 2, zum

Teil sogar in 3 Bände gebunden. Obwohl alle erhaltenen Exemplare auf Papier gedruckt sind (und es treten bei dem Umfang des Werkes zehn verschiedene Papiersorten auf!), gibt es auch Einzelblätter auf Pergament. Die Anzahl der gedruckten Exemplare ist unbekannt. Die verwendete Type, die — wie wir gesehen haben — dem *Fust* nicht verpfändet war, verblieb auch nach dem Prozeß vom Jahre 1455 in den Händen *Gutenbergs. Gutenberg* war auch an der Vorbereitung dieses umfangreichen Werkes sicher beteiligt, gedruckt wurde die 36zeilige Bibel aber in Bamberg durch *Albrecht Pfister* und *Gutenbergs* langjährigen Gehilfen *Heinrich Keffer.*

Etwa ab 1460 befand sich die Donat- und Kalendertype dann auch im Besitz von *Albrecht Pfister,* dessen erster Druck in dieser Type ein 28zeiliger Donat war. 1460 oder 1461 folgte der „Ackermann aus Böhmen" des *Johannes von Saaz;* weitere Drucke entstanden bis zum Jahre 1464.

7. DIE 42ZEILIGE BIBEL

Das Wunderbarste an der 42zeiligen Bibel aber ist, daß dieses erste größere gedruckte Buch der Welt das Meisterwerk der Buchdruckerkunst geblieben ist bis zum heutigen Tage.

Aloys Ruppel

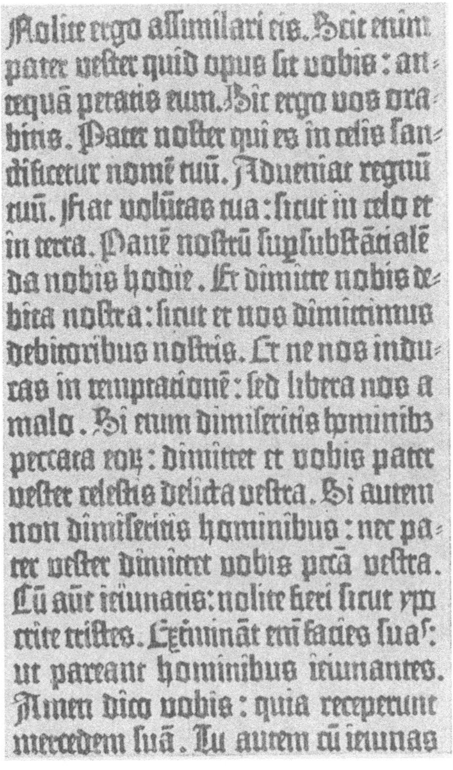
Nolite ergo assimilari eis. Scit enim
pater uester quid opus sit uobis: an-
tequā petatis eum. Sic ergo uos ora-
bitis. Pater noster qui es in celis san-
ctificetur nomē tuū. Adueniat regnū
tuū. Fiat uolūtas tua: sicut in celo et
in terra. Panē nostrū supsubstātialē
da nobis hodie. Et dimitte nobis de-
bita nostra: sicut et nos dimittimus
debitoribus nostris. Et ne nos indu-
cas in temptacionē: sed libera nos a
malo. Si enim dimiseritis hominibꝫ
peccata eoꝝ: dimittet et uobis pater
uester celestis delicta uestra. Si autem
non dimiseritis hominibus: nec pater uester dimittet uobis pctā uestra.
Cū autē ieiunatis: nolite fieri sicut ypo
crite tristes. Extermināt enī facies suas:
ut pareant hominibus ieiunantes.
Amen dico uobis: quia receperunt
mercedem suā. Tu autem cū ieiunas

Abb. 10. Spaltenteil aus der 42zeiligen Bibel

Wie wir aus dem Helmaspergerschen Notariatsinstrument wissen, trat *Fust* als Kapitalgeber in das Gemeinschaftsunternehmen für das „Werk der Bücher“ ein. In den fünfziger Jahren leitete *Gutenberg* also ein aufwendiges Druckunternehmen. Welche größeren Bücher wurden aber in der Zeit von 1452 bis 1455, als *Gutenberg* und *Fust* ihr Unternehmen betrieben, in Mainz gedruckt?

In dieser Zeit ist die sogenannte 42zeilige Bibel entstanden, und
wenn auch *Lülfing* als „Werk der Bücher" eher einen Missale-
druck annimmt, spricht doch vieles für die 42zeilige Bibel. Diese
muß zum Zeitpunkt von *Fusts* Eidesleistung am 6. November
1455 bereits gedruckt gewesen sein — war sie doch wenige Monate
danach bereits rubriziert (d. h. Seitentitel und Initialen mit roter
Farbe eingetragen), illuminiert und gebunden.

In der Kölner Chronik vom Jahre 1499 berichtet der Chronist,
daß der Kölner Drucker *Ulrich Zell* über die Erfindung der Druckkunst folgendes aussagte: Man habe 1450 zu drucken begonnen,
und das erste gedruckte Buch sei eine lateinische Bibel gewesen,
gedruckt in Missalschrift. Da von den beiden Mainzer Bibeln die
36zeilige erst nach 1455 entstand, muß in der Kölner Chronik die
42zeilige Bibel gemeint sein.

Mit diesem Buch gelang *Gutenberg* seine bedeutendste Leistung,
ein drucktechnisch und künstlerisch hervorragendes Werk, das
uns noch heute mit Staunen erfüllt. Ursache dieser Vollkommenheit
ist das *Gutenberg*sche Schriftsystem, nach dem für die Herstellung
des Buches ein gewaltiger Typenapparat (290 Zeichen, davon
47 Großbuchstaben und 243 Kleinbuchstaben sowie Interpunktions-
zeichen) nötig war. Mit dessen Herstellung hat sicher *Gutenberg*
schon 1449 oder 1450 begonnen, gleich nach Erhalt der ersten
800 Gulden von *Fust.* Damit ist auch die Auffassung widerlegt,
daß *Peter Schöffer, Gutenbergs* geschicktester Geselle, die aus-
schlaggebende Arbeit an der 42zeiligen Bibel geleistet haben soll,
denn 1450 war *Peter Schöffer* noch als Schreiber in Paris tätig.

Für die 42zeilige Bibel schuf *Gutenberg* eine wunderschöne Type
in der Missalschrift, deren n-Höhe mit 4,2 mm um 0,8 mm
geringer war als die der Donat- und Kalendertype, in der die
36zeilige Bibel gedruckt ist. Da die Ober- und Unterlängen
gleich blieben (insgesamt hat die Zeile eine Höhe von 7,2 mm),
die Type aber schmaler war als die 36zeilige Bibeltype, entstand
eine schlanke Schrift von eleganter Schönheit. Genau ist das
*Gutenberg*sche System der Anschlußbuchstaben durchgeführt, die
Zeilen sind exakt ausgerichtet und gleich lang, haargenau ist das
Register gehalten, Satzspiegel und Druck sind vollkommen. Zu
Recht weist *Ruppel* darauf hin, daß die 42zeilige Bibel in ihrer
Schönheit und Ebenmäßigkeit noch von keinem anderen Druck
wieder erreicht wurde. Nur der Mainzer Psalter von 1457 ist ihr

ebenbürtig, und dessen Typenapparat stammt ebenfalls von *Gutenberg*.

Die 42zeilige Bibel wurde sowohl auf Papier als auch auf Pergament gedruckt. Für jedes Pergamentexemplar wurde die Haut von 170 Kälbern gebraucht — und man nimmt an, daß 30 Pergamentexemplare gedruckt wurden! Aus der Menge der einzelnen Papiersorten kann man etwa auf die Auflagenhöhe schließen. Die Schätzungen schwanken allerdings für die Papierexemplare zwischen 150 und 240 Exemplaren.

Zahlreiche technische und chronologische Unklarheiten zur Drucklegung der 42zeiligen Bibel scheinen durch die neuen Forschungen von *Todd* beseitigt. Ausgehend von Untersuchungen des Exemplars der Universität von Texas, in dem auf Blatt 40 die Zeilen 3 und 4 vertauscht sind, kommt Todd zu folgenden Ergebnissen: Der ursprüngliche Satz wurde nicht spaltenweise, sondern ununterbrochen über beide Spalten hinweg aufgebaut. Die Vertauschung der Zeilen kann passiert sein, wenn zwei Mann am Satz gearbeitet haben, wovon der eine in einem langen Winkelhaken eine Zeile setzte, während der zweite mit einem anderen Winkelhaken eine einzige Satzzeile im Setzschiff ausschoß. Stellt man sich vor, daß der Gehilfe — aus welchen Gründen auch immer — seine Arbeit kurz unterbrach und dann zwei Winkelhaken zum Ausschießen vorfand, so ist das Vertauschen beider leicht erklärlich. Frühere Hypothesen gingen davon aus, daß die 42zeilige Bibel zugleich auf sechs Pressen gedruckt wurde, was später (*Corsten* 1979) so korrigiert wurde, daß sechs Setzer für drei Druckpressen arbeiteten. Aber erst der von *Todd* postulierte, oben beschriebene Arbeitsablauf, d. h. die Arbeitsteilung von zwei Mann an einem Setzkasten, garantierte, daß das Setzen mit doppelter Geschwindigkeit und der Hälfte der sonst erforderlichen Typen vonstatten gehen konnte.

Wieder aufgegriffen wurde von *Todd* auch eine Annahme, die bereits 1858 ein anonymer Fachmann äußerte: Der Satz der Bibel sei wahrscheinlich ein Faksimiledruck einer zeitgenössischen Handschrift. Verschiedene 40—42zeilige Bibelhandschriften aus dem 15. Jahrhundert weisen gewisse Parallelen zu dem Druckwerk auf, aber ohne die handschriftliche Vorlage zu kennen, ist nicht zu sagen, wie genau *Gutenberg* sich an die Handschrift hielt.

Als Gesamtzeit für den Bibeldruck wurden mindestens zwei Jahre berechnet. Vergleichen wir diese Rechnung mit den Angaben im Helmaspergerschen Notariatsinstrument vom 6. November 1455! 1450 erhielt danach *Gutenberg* erstmals 800 Gulden von *Fust* für die Herstellung des Druckapparates; 1452 zahlte *Fust* 800 Gulden als Teilhaber an dem „Werk der Bücher" ein. Wahrscheinlich konnte *Gutenberg* also ab 1452 mit dem Setzen der Bibel beginnen, und wenn die Herstellungszeit zwei Jahre betrug, so lag das Werk 1454 fertig vor. Das stimmt mit dem Vermerk des Vikars vom Mainzer Stephans-Stift in einem Exemplar der 42zeiligen Bibel insofern überein, als er für den Abschluß des Rubrizierens, Illuminierens und Einbindens (was sicher Monate in Anspruch nahm) den August 1456 angibt. Ein neuer Quellenfund läßt sogar eine noch genauere Datierung zu. In einem Brief des *Enea Silvio Piccolomini,* des späteren Papstes *Pius II.,* an den spanischen Kardinal *Juan de Carvajal* vom 12. 3. 1455 bezieht sich eine Passage auf die 42zeilige Bibel: In Frankfurt am Main (wo *Piccolomini* am Reichstag teilnahm, der vom 15. bis 28. Oktober 1454 stattfand) habe ein „vir mirabilis" Bibeln vorgelegt, die auch der Kaiser zu Gesicht bekommen habe. Die Schönheit der Schrift und die Auflagenhöhe werden erörtert, und *Piccolomini* schreibt, er hätte dem Kardinal eine solche Bibel gekauft, wenn er gewußt hätte, daß diesem daran gelegen gewesen sei. Die Bibel wurde also schon 1454, ein Jahr vor dem Helmaspergerschen Notariatsinstrument, zum Verkauf angeboten.

Wenn auch die Berechnungen für den mutmaßlichen Preis der Bibel stark schwanken, so steht doch eines fest: Die Herstellung der 42zeiligen Bibel war ein gutes Geschäft, das einen erheblichen Reingewinn erbrachte (nach vorsichtiger Berechnung 4000 bis 6000 Gulden!). *Fusts* Klage gegen *Gutenberg* hatte also wahrscheinlich verhindert, daß *Gutenberg,* sobald der Erlös verfügbar war, *Fust* auszahlte und sich damit unabhängig machte.

Während in einer Notiz aus dem 15. Jahrhundert der Preis der 42zeiligen *Gutenberg*-Bibel mit 100 Gulden angegeben wird, erwarb der französische Bibliophile *Sallier* 1739 ein Exemplar für einen halben Gulden! Heute ist die 42zeilige Bibel das teuerste Buch der Welt.

Wo befinden sich noch erhaltene Exemplare des Meisterstücks der Druckkunst, der 42zeiligen Bibel? Heute sind 46 Exemplare bekannt, 40 in öffentlichen Sammlungen und 6 in Privatbesitz.

Von den 12 Pergamentexemplaren sind nur 4 vollständig: in der Universitätsbibliothek Göttingen, im Britischen Museum London, in der Nationalbibliothek Paris und in der Washingtoner Kongreßbibliothek. Von den 34 Papierexemplaren sind 16 vollständig und befinden sich in Burgos (Provinzbibliothek), Cambridge (Universitätsbibliothek), Edinburgh (Nationalbibliothek), Eton (College Bibliothek), Frankfurt a. M. (Stadtbibliothek), Leipzig (Universitätsbibliothek), Lissabon (Nationalbibliothek), London (Britisches Museum) Manchester (John Rylands Library), München (Bayrische Staatsbibliothek), New Haven (Bibliothek der Yale Universität), New York (Pierpont Morgan Library), New York (Privatbibliothek von *Pforzheimer*), Oxford (Bodleian Library), Paris (Bibliothek Mazarin) und in Wien (Nationalbibliothek).

Die 42zeilige Bibeltype diente auch als Auszeichnungsschrift für den 30zeiligen Ablaßbrief von 1454/55, während als Auszeichnungsschrift für den 31zeiligen Ablaßbrief die Donat- und Kalendertype verwendet wurde. Bei identischem Text wurden diese Ablaßbriefe für Zypern — eine vom Papst 1451 erteilte Absolution für alle Sünden bei Gabe einer Geldspende zur Rüstung gegen die Türken — aber mit zwei verschiedenen Typen gedruckt. Sie erlebten eine Massenauflage, denn Zehntausende von Ablaßbriefen konnten nicht mit der Hand so rasch und billig geschrieben werden. Einige *Gutenberg*-Forscher sind der Meinung, daß der unterschiedliche Druck dieser Ablaßbriefe darauf hinweist, daß sie in verschiedenen Werkstätten entstanden: der 30zeilige Ablaßbrief in der *Gutenberg-Fustschen* Gemeinschaftsdruckerei, der 31zeilige aber in einer kleineren Werkstatt im Gutenberghof, an der *Fust* nicht beteiligt war.

Die Type der 42zeiligen Bibel verblieb nach dem Prozeß von 1455 weiterhin in *Gutenbergs* Besitz, wurde aber bis zu dessen Tode nicht mehr benutzt. Erst danach ist sie an *Peter Schöffer* gelangt, der sie offenbar von Dr. *Konrad Humery* bekam.

8. GUTENBERGS LETZTE LEBENSJAHRE

> Fürwahr, der Erfinder der Buchdruckerkunst verdient von allen
> Musen, von allen Künsten und von den Zungen aller Bücher-
> liebhaber mit göttlichem Lobe gepriesen zu werden. Denn
> *Gutenberg* hat Nützlicheres und Göttlicheres erfunden als *Bac-*
> *chus*, der Schöpfer des Weines, und *Ceres*, die Spenderin der
> Feldfrüchte, denn er hat Buchstaben so hergestellt, daß man
> alles, was gedacht und gesagt werden kann, in kürzester Frist
> festzuhalten und dem Gedächtnis der Nachwelt zu überliefern
> vermag.
>
> *Guillaume Fichet*, Professor zu Paris

Nach dem Urteil des Gerichtes auf den ersten Klagepunkt des
Fust mußte *Gutenberg* die zuerst geliehenen 800 Gulden samt
Zinsen sowie von den zweiten 800 Gulden die nicht für das
Gemeinschaftswerk verwendete Summe samt Zinsen bezahlen.
Damit fiel der verpfändete Teil der Werkstatt an *Fust*, welcher —
selbst wenn *Gutenberg* ihn hätte auszahlen können — immer noch
Teilhaber geblieben wäre. Es ist nicht überliefert, wie sich *Fust*
und *Gutenberg* geschäftlich einigten nach dem Gerichtsurteil, aber
nichts weist darauf hin, daß *Gutenberg* die Mittel besaß, *Fust*
zu bezahlen. Damit dürften mit dem verpfändeten Typenapparat
auch die Psaltertypen an *Fust* gefallen sein.
Bereits am 14. August 1457 erschien nämlich in Mainz eine herr-
liche Psalterausgabe, ein Dreifarbendruck von 340 Folioseiten
auf Pergament, dessen Schlußschrift als Hersteller den Mainzer
Bürger *Johannes Fust* und *Peter Schöffer* aus Gernsheim nennt.
Nun brachte dieses Buch aber zwei neue, sehr schöne Schriften,
die unmöglich in weniger als zwei Jahren (seit dem Bruch zwischen
Gutenberg und *Fust*) entstanden sein konnten. Und da die
*Fust*sche Druckerei, geleitet von *Peter Schöffer*, sicher die Fortführung des *Gutenberg-Fust*schen Unternehmens war, müssen
die schwierige, mühsame Herstellung der Psaltertypen und wahrscheinlich auch Satz und Druck des Psalters bereits vor der
Trennung von *Gutenberg* begonnen worden sein. Man sieht daher
in *Gutenberg* den verantwortlichen Hersteller des prachtvollen,
in drei Farben gedruckten Psalters von 1457, der wohl auch noch
den Druck begann, denn die komplizierte Technik des Druckes
der farbigen Initialen, deren rote und blaue Teile offenbar separat
eingefärbt und dann zugleich mit der Schwarzform gedruckt

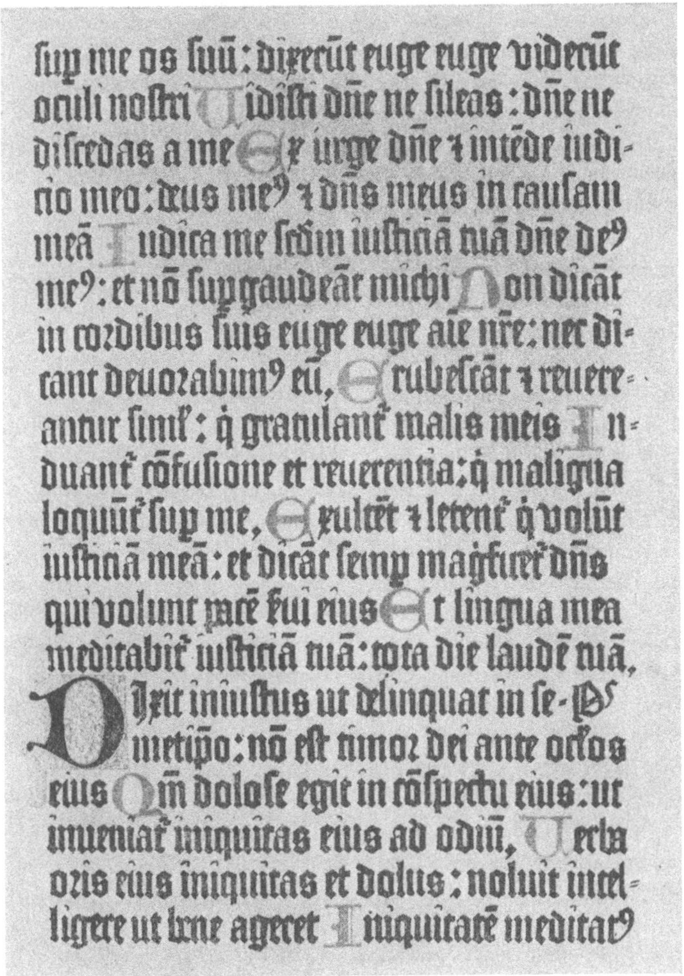
sup me os suũ: dixerũt euge euge viderũt
oculi nostri V idisti dñe ne sileas: dñe ne
discedas a me E xurge dñe ⁊ intẽde iudi-
cio meo: deus me⁹ ⁊ dñs meus in causam
meã I udica me scdm iusticiã tuã dñe de⁹
me⁹: et nõ supgaudeãt michi N on dicãt
in cordibus suis euge euge aĩe nr̃e: nec di-
cant deuorabim⁹ eũ. E rubescãt ⁊ reuere-
antur simul: q̃ gratulant̃ malis meis I n-
duant̃ cõfusione et reuerentia: q̃ maligna
loquũt̃ sup me. E xultẽt ⁊ letent̃ q̃ volũt
iusticiã meã: et dicãt semp magnificet̃ dñs
qui volunt pacẽ serui eius E t lingua mea
meditabit̃ iusticiã tuã: tota die laudẽ tuã.
D ixit iniustus ut delinquat in se- Ps
metipso: nõ est timor dei ante oculos
eius Q m dolose egit in cõspectu eius: ut
inueniat̃ iniquitas eius ad odiũ. V erba
oris eius iniquitas et dolus: noluit intel-
ligere ut bene ageret I niquitatẽ meditat⁹

Abb. 11. Mainzer Psalter von 1457

wurden, ist sicher der technischen Meisterschaft *Gutenbergs* zuzuschreiben. Ja, es kann durchaus sein, daß unter dem „Werk der Bücher" neben der 42zeiligen Bibel der dreifarbige Psalter zu verstehen war.

Die wunderbaren Pergamentdrucke des Psalter erschienen in zwei
Ausgaben: die Ausgabe von 1457 enthält den Psalter für die
Mainzer Erzdiözese, die Ausgabe von 1459 den Psalter, wie ihn
die Bursfelder Kongregation des Benediktinerordens verwendete.
Nur zehn Exemplare des Psalters, der in seiner Vollkommenheit
gleichrangig neben die 42zeilige Bibel zu stellen ist, sind uns
erhalten.

Wie gestaltete sich *Gutenbergs* weiteres Schicksal nach der
Trennung von *Fust* und dem Verlust seiner Werkstatt?

Auf fortbestehende finanzielle Schwierigkeiten weist die Tatsache
hin, daß *Gutenberg* ab 1458 keine Zinsen mehr für die vom
Thomas-Stift in Straßburg geliehenen 80 Pfund zahlte und auch
die 1448 durch Vermittlung von *Arnolt Gelthus* aufgenommenen
150 Gulden nicht zurückzahlte. Wahrscheinlich half Dr. *Konrad
Humery Gutenberg* bei der Lösung von *Fust.* Es war dies der-
selbe Dr. *Humery,* der sich 1443 in Mainz an die Spitze der
Zünfte gestellt hatte, nach dem Sturz des alten Rates 1444 Stadt-
kanzler wurde und während der Stiftsfehde Ratgeber und Sekretär
des *Diether von Isenburg* war.

In einem Revers vom 26. Februar 1468, also nach *Gutenbergs*
Tod, teilte Dr. *Humery* dem Erzbischof von Mainz mit, daß er
aus *Gutenbergs* Nachlaß „etliche Formen, Buchstaben, Instrumente,
Werkzeug und anderes zum Druckwerk Gehöriges" übernommen
habe, „das myn gewest und noch ist". Während die 42zeilige
Bibeltype später an *Peter Schöffer* kam, gelangte die Donat- und
Kalendertype nach Bamberg zu *Albrecht Pfister.*

Ob sich *Gutenberg* weiterhin im Besitz einer eigenen Druckerei
befand, ist umstritten.

Mit *Gutenberg* wird noch eines der denkwürdigsten Druckwerke
der Mainzer Frühzeit in Verbindung gebracht, das Catholicon
von 1460. Es ist dies ein breit angelegtes Wörterbuch der lateinischen Sprache, das der Dominikaner *Johann Balbus de Janua*
1286 vollendete. Das Catholicon ist in einer kleinen, an Ligaturen
reichen halbgotischen Schrift gedruckt, in den für damals kleinsten
Buchstabenformen, die es erlaubten, über 5000 Buchstaben pro
Seite zu setzen. Die Auflage dieses begehrten Werkes war sehr
hoch, was nur eine kapitalkräftige Druckerei realisieren konnte.
Man schätzt, daß für den Catholicondruck weit über 2000 Gulden
aufzuwenden waren. Ob diese Druckerei die *Gutenbergsche* war,

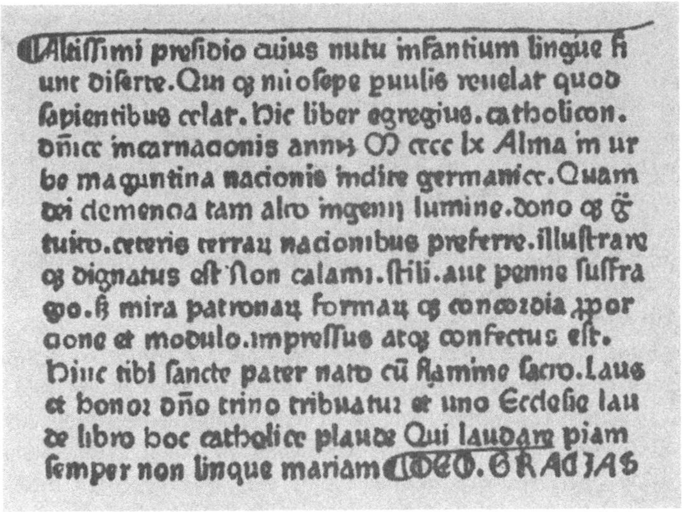

Altissimi presidio cuius nutu infantium lingue fi
unt diserte. Qui qz niio sepe puulis reuelat quod
sapientibus celat. Hic liber egregius. catholicon.
dnice incarnacionis annis M cccc lx Alma in ur
be maguntina nacionis indite germanice. Quam
dei clemencia tam alto ingenii lumine. dono qz gra
tuito. ceteris terrarum nacionibus preferre. illustrare
qz dignatus est Non calami. stili. aut penne suffra
gio. sz mira patronarum formarum qz concordia pro por
cione et modulo. impressus atqz confectus est.
Hinc tibi sancte pater nato cu flamine sacro. Laus
et honor dno trino tribuatur et uno Ecclesie lau
de libro hoc catholice plaude Qui laudare piam
semper non linque mariam DEO. GRACIAS

Abb. 12. Schlußschrift des Mainzer Catholicon-Druckes von 1460

ist unbekannt. Auch der *Fust-Schöffer*schen Offizin ist das Catholicon zugeschrieben worden.

Bemerkenswert ist für uns besonders die Schlußschrift des Catholicon, worin es heißt, daß dieses Werk im Jahre 1460 in Mainz „non calami stili aut pennae sed mira patronarum formarumque concordia proportione et modulo" gedruckt und vollendet worden sei. Unter patronae und formae sind sicher Stempel und Matrizen zu verstehen. Die Übersetzung des lateinischen Textes des Schlußwortes des Catholicon lautet:

Mit Hilfe des Höchsten, auf dessen Wink die Zungen der Unmündigen beredt werden und der oft den Geringen offenbart, was er den Weisen verbirgt, ist dieses vortreffliche Buch Catholicon im Jahre der Menschwerdung des Herrn MCCCLX in Mainz, der hehren Stadt der berühmten deutschen Nation, welche die Güte Gottes mit einer so hellen Erleuchtung des Geistes und durch ein so gnadenreiches Geschenk vor den anderen Völkern der Erde auszuzeichnen und zu verherrlichen gewürdigt hat, nicht mittels des Schreibrohres, des Griffels oder der Feder, sondern durch bewunderungswürdige Stempel und Formen und dazu in Übereinstimmung von Proportion und Gesetzmäßigkeit gedruckt und vollendet worden. Darum sei Dir, heiliger Vater, dem Sohne samt dem Heiligen Geiste Lob und Ehre, dem dreieinigen und einen Herrn. Zum Ruhme der Kirche spende durch dieses Buch, o Gläubiger, Beifall, und lasse nicht ab, immer die fromme Maria zu loben. Dank sei Gott.

Der Name des Druckers ist nicht genannt, aber aus der demütiggläubigen Haltung des Verfassers, der die Erfindung als ein Geschenk Gottes ansieht, schloß man auf den Erfinder selbst, auf *Gutenberg*. Wahrscheinlicher ist, daß ein Geistlicher, vielleicht Dr. *Humery*, unter Verwendung von Bibelstellen (Buch der Weisheit, Evangelien des *Matthäus* und des *Lukas)* die Schlußschrift verfaßte. Eindeutig aber ist in der Schlußschrift Mainz als die Stadt der Erfindung benannt.

Wenn wir uns der Meinung anschließen, daß der Druck des Catholicon *Gutenberg* nicht zuzuschreiben ist, so drängt sich die Frage auf, weshalb *Gutenberg,* dem die Donat- und Kalendertype nach dem Zusammenbruch von 1455 verblieben war, keine Werke mehr druckte. Eine Antwort darauf könnte eine Nachricht des Straßburger Gelehrten *Jakob Wimpfeling* (1450—1528) geben. *Wimpfeling,* der häufig in Mainz weilte und *Gutenberg,* obwohl er ihn nicht mehr persönlich kennengelernt hatte, sehr verehrte, schrieb 1508 in seiner Geschichte der Bischöfe von Straßburg, daß die Buchdruckerkunst unter Führung eines gewissen *Johannes Gensfleisch,* der später aus Altersschwäche erblindete, vollendet wurde. Da *Wimpfeling* ein sehr zuverlässiger Chronist war, haben wir keine Veranlassung, diese — allerdings von keiner anderen Seite bestätigte — Mitteilung anzuzweifeln.
Es ist aber auch möglich, daß die Einstellung der Druckertätigkeit *Gutenbergs* mit den politischen Ereignissen in Zusammenhang stand.
Der Mainzer Bistumsstreit wurde ausgelöst durch den Tod des Erzbischofs *Dietrich* 1459 zu Aschaffenburg. Die Wahl seines Nachfolgers, des Domkustos *Diether von Isenburg,* brachte einen Vertreter der Konzilspartei — die in nationalen Fragen eine gewisse Unabhängigkeit vom Papst anstrebte — auf den erzbischöflichen Stuhl. Der Papst wollte die Wahl des Mainzer Domkapitels nicht anerkennen, und in dem sich zuspitzenden Streit wurde *Diether von Isenburg* durch den Papst abgesetzt und exkommuniziert, als neuer Erzbischof aber Graf *Adolf von Nassau* gewählt. Beide Erzbischöfe warben um die Freundschaft der Stadt Mainz. Die Uneinigkeit der Bürgerschaft — zu dem Widerspruch zwischen

48

Patriziern und Zünften kamen die sich vertiefenden Gegensätze
zwischen Meistern und Gesellen — führte zu katastrophalen
Folgen für die Stadt.

Adolf von Nassau nahm in der Nacht vom 28. zum 29. Oktober 1462
nach zehnstündigem Kampf die schlecht verwahrte Stadt Mainz
ein. 350 bis 400 Bürger waren im Kampf getötet worden, die
Häuser der Bürger, Geistlichen und Juden wurden geplündert,
150 Häuser gingen in Flammen auf. Der Rat der unter päpst-
lichem Bann stehenden Stadt mußte alle Freiheitsbriefe ausliefern.
Mainz verlor seine Reichsunmittelbarkeit. Unermeßliche Beute
wurde in der besiegten Stadt gemacht: allein das erbeutete Silber-
geschirr und die Kleinodien sollen 46 000 Kölner Mark betragen
haben; dazu kamen noch 11 595 Gulden. Am 29. Oktober ritt
Adolf von Nassau feierlich in Mainz ein und jagte die noch etwa
800 männlichen Bürger aus ihrer Vaterstadt.

Unter diesen ausgeraubten und vertriebenen Bürgern dürfte auch
Johannes Gutenberg gewesen sein. Nach der aus dieser Zeit
stammenden Mainzer Chronik hatte *Gutenberg* ein Sendschreiben
Diether von Isenburgs gegen *Adolf von Nassau* gedruckt, war also
kein Parteigänger des Siegers gewesen. Heimlich kehrte eine
Anzahl Bürger nach Mainz zurück, auch den übrigen wurde
Anfang 1463 die Rückkehr gestattet. Aber im März 1463 wurden
erneut 400 Bürger ausgewiesen — wir wissen nicht, ob *Gutenberg*
ein zweites Mal dieses Schicksal teilte.

Der heftigste Parteigänger *Diether von Isenburgs* war Dr. *Konrad
Humery* gewesen. Nach dem Friedensschluß zwischen dem Isen-
burger und dem Nassauer im Oktober 1463 erhielt er aber seine
beschlagnahmten Güter zurück und sogar seine Schulden durch
Adolf von Nassau bezahlt. Das zeigt, daß der Nassauer die Ver-
söhnung mit den Mainzern suchte, um in seiner Stadt ein nor-
males Leben und eine Wiederbelebung der Gewerbe zu
unterstützen. Und so fiel die kurfürstliche Gnade auch auf
Johannes Gutenberg, der am 17. Januar 1465 zum Hofmanne
ernannt wurde. In der Ernennungsurkunde wird *Gutenberg*
jährlich die Hofkleidung versprochen, desgleichen in jedem Jahr
20 Malter Korn und 2 Fuder Wein für seinen privaten Haushalt,
und er wird von allen Steuern und anderen Lasten befreit. Die
Ernennung zum Hofmann bedeutete neben dem materiellen Vorteil auch eine Steigerung des Ansehens.

Der Mainzer Kurfürst residierte zwar in Eltville bei Mainz, aber da *Gutenberg* nachdrücklich vom Folgedienst befreit war, brauchte er nicht an den Hof zu gehen. Tatsächlich lebte *Gutenberg* bis zu seinem Tode in Mainz. Sein Todestag ist vermerkt in einem Schöfferdruck des 15. Jahrhunderts: „Anno Domini M° CCCC°LXVIII uff sant blasius tag starp der ersam meinster *Henne Ginssfleiss* dem got gnade". Der ehrsame Meister *Johannes Gensfleisch* starb also am 3. Februar 1468. Über *Gutenbergs* Grabstätte gibt ein Nachruf in Form einer Grabschrift Auskunft, die in einem 1499 gedruckten Buch enthalten ist und von *Gutenbergs* Verwandtem *Adam Gelthus* verfaßt worden war. Die deutsche Übersetzung des lateinischen Spruches lautet:

Auf den glücklichen Erfinder der Buchdruckerkunst.
Gott, dem Besten und Größten geweiht.
Johannes Gensfleisch,
dem Erfinder der Buchdruckerkunst,
der sich um jede Nation und jede Sprache das höchste Verdienst erwarb,
errichtete dies zur unsterblichen Erinnerung an seinen Namen
Adam Gelthus.
Seine Gebeine ruhen in seligem Frieden
in der Kirche des Heiligen Franziskus zu Mainz.

Diese Mitteilung wird durch eine Randbemerkung des Frankfurter Patriziers *Johann Ernst von Glauburg* (1681—1733) in einer Chronik der Stadt Mainz bestätigt:

Henchin zum Gutenberg aus der Familie *Gensfleisch,* jener erste und wahre Erfinder der Buchdruckerkunst, wurde bei seinen Vorfahren in der Kirche des hl. Franziskus in Mainz begraben, und dort wurde das Wappen seines Geschlechtes aufgehängt.

Als die Kirche 1577 an die Jesuiten überging, wurden sogleich die an den Säulen aufgehängten Totenschilde entfernt, und bereits 1608 konnte keine Grabplatte über *Gutenbergs* Grab mehr aufgefunden werden. Die von den Jesuiten anstelle der Kirche des hl. Franziskus im 18. Jahrhundert errichtete Barockkirche existiert auch nicht mehr; ihre Ruinen wurden Anfang des 19. Jahrhunderts beräumt.

9. ZEUGNISSE FÜR GUTENBERG ALS DEN ERFINDER DES BUCHDRUCKS

Der nach dem ersten in dem werk
Juncker *Hansen von Gutenberck*
Die gotlich sterk
Gab daz der deutschen zungen.

Aus einem Meisterlied des Nürnberger Frühdruckers *Hans Folz*

Zu Lebzeiten *Gutenbergs* und bis zum Ende des 15. Jahrhunderts wurde er in zuverlässigen Quellen als Erfinder der Typographie bezeichnet. Später erst wurde *Gutenberg* dieser Ruhm streitig gemacht.

Johann Schöffer, der Sohn des *Peter Schöffer* und Enkel des *Johannes Fust* (*Peter Schöffer* hatte nach *Fusts* Tode 1466 dessen Tochter *Christine* geheiratet) nennt im Nachwort der aus seiner Druckerei hervorgegegangenen Frankengeschichte des *Johannes Trithemius* seinen Großvater *Johannes Fust* den Erfinder der Buchdruckerkunst:

Gedruckt und vollendet ist dieses Chronikwerk im Jahre des Herrn 1515, am Vorabend des Margaretentages, in der edlen und berühmten Stadt Mainz, der ersten Erfinderin dieser Druckkunst, durch *Johann Schöffer,* einen Enkel des *Johannes Fust,* eines Mainzer Bürgers, des ersten Urhebers der genannten Kunst, der die Druckkunst im Jahre 1450 aus eigenem Geiste zu erdenken und zu ergründen begann...

Das ausführliche Nachwort mit dieser Behauptung fand Glauben, wurde verbreitet und führte dazu, daß man *Gutenberg* fast vergaß. Ja, der Ruhm, die Druckkunst erfunden zu haben, wurde auch für andere als *Fust* und *Schöffer* in Anspruch genommen. Während die Angaben über *Johannes Brito* aus Brügge, über *Johannes Mentelin* aus Straßburg oder über *Pamfilo Castaldi* aus Feltre in Venetien leicht zu widerlegen sind, denn sie alle druckten erst wesentlich später als *Gutenberg,* sind die Legenden über zwei Mitbewerber um den Erfinderruhm besonders verbreitet. Es handelt sich dabei um den Holländer *Laurens Janszoon Coster* in Haarlem und um *Procop Waldfoghel* in Avignon.

Die romanhaft verbrämte Darstellung über *Coster* entstammt der Feder des holländischen Gelehrten *Adrianus Junius* (*Adrian de Jonghe,* 1511—1575) und ist in seinem 1588 gedruckten Werk

„Batavia" enthalten. Darin wird ein *Johannes* aus Mainz beschuldigt, im Jahre 1440 *Coster* das Geheimnis gestohlen zu haben! Obwohl die Person *Costers* geschichtlich beglaubigt ist, hält die Darstellung einer Nachprüfung nicht stand. Die Angabe in der Kölner Chronik von 1499:

Item, obwohl die Kunst zu Mainz erfunden ist, nämlich so wie sie jetzt gewöhnlich gebraucht wird, so hat man doch ihre Vorstufe zu sehen in den in Holland vor dieser Zeit gedruckten Donaten,

weist auf im Holztafeldruck hergestellte Donaten hin. Und der Kölner Chronist fährt selbst fort: „Aber der erste Erfinder der Druckkunst ist gewest ein Bürger zu Mainz und hieß *Johannes Gutenberg*".

Der aus Prag gebürtige Silber- und Goldschmied *Procop Waldfoghel* hielt sich 1444—1446 in der südfranzösischen Stadt Avignon auf. Notariatsakten aus dieser Zeit beweisen, daß *Waldfoghel* zwei Alphabete aus Stahl und auch 48 Zinnformen für den Magister *Manuel Vitalis* für das „künstliche Schreiben" angefertigt hatte. Dieser bestätigte bei Rückgabe der Werkzeuge, daß es sich bei der besagten Schreibkunst um eine Fertigkeit von höchstem Wert handle, und daß sie in ihrer Anwendung bequem und nützlich sei für einen, der guten Willens wäre und Verstand dazu mitbringe. Aus den Akten geht hervor, daß *Waldfoghel* in Avignon dasselbe tat wie *Gutenberg* in Straßburg: er unternahm Versuche, mit Metallbuchstaben künstlich zu schreiben, unterrichtete in dieser Kunst und verpflichtete seine Schüler zur strengen Geheimhaltung.

Könnte eine Verbindung zwischen *Waldfoghel* und *Gutenberg* bestanden haben? Wo war *Gutenberg* 1444—1446? Bemerkenswert ist auch, daß sich in Luzern, wo *Waldfoghel* 1439 das Bürgerrecht erwarb, *Jörg Dritzehn* aufhielt. Trotz des Urteils gegen die Brüder *Dritzehn* befand sich die Presse *Gutenbergs* noch im Besitz der Brüder *Dritzehn* in Straßburg. In Avignon weilten nachweislich gleichzeitig mit *Waldfoghel* Straßburger Bürger, so ein Silberschmied *Riffe*. War er ein Verwandter des *Johannes Riffe*, des Geschäftsgenossen *Gutenbergs* bei der Ausübung der geheimen Kunst in Straßburg? Wie dem auch sei — kein einziges Produkt *Waldfoghels* in der von ihm gelehrten Kunst des künstlichen Schreibens ist überliefert. Und nach der letzten notariellen Erwähnung vom 2. Mai 1446 ist *Waldfoghel* nie mehr aufgetaucht.

Zeitgenössische Quellen geben unmittelbar nach der Erfindung der Buchdruckerkunst unzweideutig Auskunft, wem der Erfinderruhm zusteht. Und das ist ohne jeden Zweifel *Johannes Gutenberg*. Bereits im Jahre 1458 wird in einer Ordonnanz *Karls VII.* von Frankreich die Entsendung eines Stempelschneiders der königlichen Münze nach Mainz befohlen, wo ein „messire *Jehan Guthemberg*, Chevalier" die Kunst erfunden habe, mit Punzen und Buchstaben zu drucken.

Interessant ist auch der Bericht in der Mainzer Chronik über die Kämpfe zwischen *Diether von Isenburg* und *Adolf von Nassau*, bei denen die junge Druckkunst erstmals in tagespolitische Ereignisse eingriff:

Es liess auch *Dietrich von Isenburg* ein offen brieff abgehen, darin er sich seiner absezung halber als unrechtmessig verthedigt, undt würden viel Exemplar getruckt, von dem ersten Buchtrucker zu Meincz, *Johann Gutenbergk*, undt hie undt wider in Stetten angeschlagen.

Der Pariser Professor *Guillaume Fichet* schreibt 1471 in einem der Ausgabe der Orthographie des *Gasparinus Barzitius* beigefügten Brief an seinen ehemaligen Schüler, Professor *Robert Gaguin*:

Man erzählt, daß dort nicht fern von Mainz ein gewisser *Johannes* mit Beinamen *Gutenberg* gewesen sei, der als allererster die Druckkunst erdacht habe, durch welche die Bücher nicht mit dem Schreibrohr (wie im Altertum) oder mit der Schreibfeder (wie bisher bei uns), sondern mit ehernen Lettern hergestellt werden, und zwar rasch, sauber und schön.

Gutenberg ist als Erfinder der Druckkunst auch in der Chronik der Stadt Köln (1499) genannt, des weiteren von *Antonius Sabellicus* in seiner Universalgeschichte (Venedig 1498) und auch in mehreren frühen italienischen Drucken der Jahre 1474 bis 1492. Den Nachruf des *Adam Gelthus* auf seinen Verwandten *Gutenberg* haben wir bereits erwähnt. Von den zahlreichen weiteren Zeugnissen für *Gutenberg* soll hier nur noch die Widmungsschrift an Kaiser *Maximilian* in der deutschen *Livius*ausgabe von 1505 angeführt werden. Dieses Buch wurde bei *Johann Schöffer* in Mainz gedruckt, und obwohl das Widmungsschreiben von *Ivo Wittig* stammt, identifiziert sich der Drucker (der erst später *Johann Fust* und *Peter Schöffer* als die Erfinder preist!) mit dem

Abb. 13. Herbarius. Mainz 1484. Erstes Titelblatt mit Angabe von Erscheinungsort und Jahr sowie Hinweis auf den Drucker: Druckermarke von *Fust* und *Schöffer*

Inhalt. Der Kaiser solle das Werk gnädig aufnehmen, das in Mainz gedruckt sei,

in welicher stadt auch anfengklich die wunderbar kunst der Trückerey un im ersten von dem kunstreichen *Johan Güttenbergk*, Do man zalt nach Christi gebürth 1450 Jare erfunden, un darnach mit vleyss, kost und arbeyt *Johan Fausten* und *Peter Schöffer* zu Mentz gebesserth, und bestendig gemacht ist worden.

10. AUSBREITUNG DES BUCHDRUCKS UND HISTORISCHE BEDEUTUNG DER ERFINDUNG GUTENBERGS

> Das Buch enthält die Vergangenheit des Menschen, seine Gegenwart und Zukunft. Die Kultur der Menschheit besitzt nichts Ehrwürdigeres als das Buch, nichts Wunderbareres und nichts, das wichtiger wäre!
>
> *Gerhart Hauptmann, 1927*

Rasch breitete sich der Buchdruck bald nach seiner Erfindung aus. Bei der Erstürmung der Stadt Mainz am 28. Oktober 1462 war auch die *Fust-Schöffer*sche Druckerei in Flammen aufgegangen, und die Druckergesellen zogen in andere Städte, um dort Druckereien zu gründen. Die geistigen Zentren Deutschlands, die Bischofs- und Universitätsstädte, wurden auch zu Zentren des Buchdrucks.

In Mainz selbst übernahm nach dem Tode *Peter Schöffers*, der 1502 als reicher Mann starb, dessen Sohn *Johann* die väterliche Druckerei. Der jüngere Sohn druckte zu Worms, zu Straßburg und zu Venedig.

In Eltville bei Mainz, wo sich der Hof *Adolf von Nassaus* befand, druckten die Brüder *Nicolaus* und *Heinrich Bechtermünze*, die auch die Catholicon-Type verwendeten.

Noch zu *Gutenbergs* Lebzeiten wurde bereits in fünf rheinischen Städten gedruckt: in Mainz, Eltville, Köln, Straßburg und Basel. In Köln gab es zahlreiche Drucker (der erste war *Ulrich Zell* aus Hanau), die vor allem für die konservative Kölner Universität kirchliche Werke in lateinischer Sprache druckten. Unter den wenigen in deutscher Sprache erschienenen Büchern ist die mit 125 Abbildungen meisterhaft geschmückte Bibelausgabe *Quentells* von 1479 zu erwähnen. Die 1499 von *Johann Koelhoff d. J.* herausgebrachte Kölner Chronik wurde bereits zitiert. 29 Drucker wirkten bis zur Jahrhundertwende in Köln, und der englische Erstdrucker *William Caxton* ging dort in die Lehre.

In Straßburg druckte seit 1458 *Johann Mentelin*, der mit seiner Bibelübersetzung von 1466 die Reihe der 14 hochdeutschen vorlutherischen Bibeldrucke eröffnete. 1477 erschienen in *Mentelins* Offizin *Wolfram von Eschenbachs* „Parzifal" und „Titurel". Beides sind die einzigen mittelalterlichen Epen, die neben den

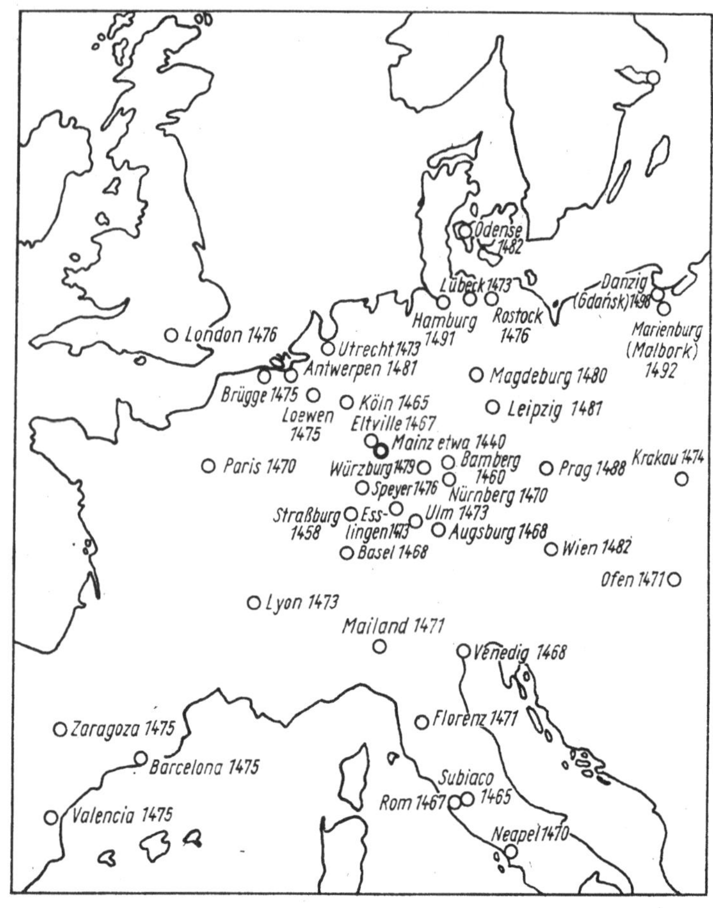

Abb. 14. Zeitkarte zur Ausbreitung der Buchdruckkunst in Europa nach [14]

kürzeren Volksepen „Laurins Rosengarten" und „Wolfdietrich" im 15. Jahrhundert erschienen. In Straßburg arbeiteten 20 Pressen, und bemerkenswert ist gegen Ende des Jahrhunderts in Straßburg die Hinwendung zum deutschsprachigen, mit Bildern geschmückten Volksbuch. Der vielseitigste Straßburger Typograph war *Johann Gruninger*, der liturgische, juristische, medizinische Werke, Dichtungen der Antike und humanistische Werke druckte.

Basel gehörte bis 1500 zu Deutschland (1501 trat es der Schweizer Eidgenossenschaft bei) und war wesentlich für den geistigen Austausch mit Italien. Wohl die bekannteste Baseler Erstausgabe ist das „Narrenschiff" des *Sebastian Brant* von 1494. Der Drucker *Johann Bergmann* von Olpe ließ durch einen vorzüglichen Holzschnittmeister den Text illustrieren.

Neben Straßburg und Basel war Augsburg im Buchdruck führend. *Hans Schönsperger* gelangte durch seine *Theuerdank*-Ausgabe zu Berühmtheit und *Erhard Ratdolt* durch prächtige liturgische Drucke. Aber auch in Ulm, Speyer, Heidelberg und Reutlingen wurde gedruckt.

Das blühende Nürnberg nahm unter den fränkischen Städten bald eine führende Stelle ein. Hier wirkte *Anton Koberger* (1445 bis 1513), der mit ungeheurem Geschäftsgeist sein Unternehmen leitete, bald Filialen in Mailand, Venedig, Ofen, Krakau, Lwow, Lübeck, Antwerpen, Paris und Lyon besaß und 1480 100 Gehilfen an 24 Pressen für sich arbeiten ließ. Aus *Kobergers* Verlag stammt die berühmte *Schedel*sche Weltchronik, die — mit 1809 Illustrationen ausgestattet — den in sechs Weltalter eingeteilten Verlauf der Menschheitsgeschichte schildert.

Ebenfalls in Nürnberg druckte *Regiomontanus (Johann Müller)*, der als Mathematiker und Astronom die schwierige Drucklegung mathematisch-naturwissenschaftlicher Werke selbst überwachte. 1475 wurde *Regiomontanus* vom Papst zur Durchführung der notwendigen Kalenderreform nach Rom berufen, wo er 1476 starb.

Die Bamberger Presse des *Albrecht Pfister,* der *Gutenbergs* Urtype erworben hatte, arbeitete nur 1460 bis 1464.

In der Bischofsstadt Würzburg druckten die Brüder *Reiser* schöne liturgische Werke und verwendeten erstmals anstelle des Holzschnitts den Kupferstich für die Buchillustration.

Im nördlichen Deutschland behauptete die Freie Reichsstadt Lübeck, das Oberhaupt der Hansa, bis zum Ende der Inkunabelzeit seine führende Rolle im Buchdruck. Nur der im Zisterzienserkloster Zinna bei Jüterbog gedruckte „Marienpsalter" mit 500 Holzschnitten ist den Lübecker Drucken ebenbürtig.

Trotz Leipzigs Bedeutung als wirtschaftliches Zentrum und Universitätsstadt kam erst 1481 ein erstes Druckwerk aus der Presse des *Markus Brandis,* der Leipzig bald wieder verließ. Der von seinem Bruder *Moritz Brandis* gedruckte „Sachsenspiegel" fiel

1490 an die Gläubiger des Druckers. Erst *Konrad Kachelofen* und *Melchior Lotter d. Ä.* konnten sich in Leipzig erfolgreich etablieren. Für die Ausbreitung des Buchdruckes in andere Länder bildeten deutsche Wanderdrucker die Avantgarde (mit Ausnahme Englands, wo *William Caxton* den Buchdruck einführte). Nicht umsonst nannte *Lope de Vega* die deutschen Wanderdrucker „Waffenschmiede der Bildung", denn sie übermittelten die technischen Voraussetzungen für eine rasche Verbreitung des Wissensgutes, arbeiteten aber auch stets an der Vervollkommnung der Druckkunst.

Bis zum Jahre 1500 gab es in 260 europäischen Städten rund 1120 Druckereien, die fast 40 000 Werke in mehr als 10 Millionen Exemplaren herausgegeben hatten. Man zählte 80 Druckorte in Italien, 52 in Deutschland, 43 in Frankreich, 27 in Spanien, 14 in Holland, 9 in der Schweiz, 7 in Belgien, 5 in Portugal, 4 in England, je 3 in Dänemark, Schweden und der Tschechoslowakei, je einen in Jugoslawien, Österreich, Polen, der Türkei und Ungarn.

Die Auswirkungen des Buchdrucks waren ungeheuer groß. Konnte man doch alle Werke vervielfältigen und zu verhältnismäßig geringem Preise erwerben!

Wie treffend schildert *Johann Christoph Gottsched* 1740 die Wirkung der Erfindung in seiner Lob- und Gedächtnisrede auf die Erfindung der Buchdruckerkunst!

... Kaum aber hatte die mühsame Buchdruckerkunst die Hand ans Werk gelegt, als schon alles ein anderes Ansehen gewann. Die vormals so kostbaren, so seltenen Bücher der alten Weltweisen, Geschichtsschreiber, Redner und Dichter, Rechtsgelehrten und Ärzte wurden nunmehr auf erstaunende Weise vervielfältigt und auch dürftigen Liebhabern der Gelehrsamkeit um sehr wohlfeilen Preis überlassen. Um eben das Geld, damit man sonst kaum zwei oder drei gute Bücher hatte kaufen können, konnte man itzt ganze Büchersäle anfüllen. Was vorhin nur die Großen der Welt und die Begüterten im Volke hatten tun können, das war nunmehro auch dem niedrigsten Pöbel nicht versaget. Ein jeder bekam das Recht, nach Künsten und Wissenschaften zu streben: ja, was das meiste ist, auch sogar die Mittel dazu. Es mehrte sich die Zahl hoher und niedriger Schulen. Es fanden sich Gönner der Gelehrsamkeit, die auf milde Stiftungen, Besoldungen und Gnadengelder für Lehrer und Lernende bedacht waren. Kurz, ganz Europa ward mit Künsten und Wissenschaften erfüllet; und in den letzten dreihundert Jahren ist gewiß in allen Teilen der Gelehrsamkeit mehr geleistet worden, als vorhin in drei-, vier- je fünftausend

Abb. 15. Der Buchdrucker. Aus: „Eygentliche Beschreibung aller Stände" von *Jost Amman* und *Hans Sachs*

Jahren geschehen war. Wieviel Irrtümer sind nicht seit der Zeit aus der gelehrten Welt verbannet, wie viele Fabeln verworfen, wie viele Lücken ergänzet, wieviel alte Wahrheiten von neuem bestätigt, wieviel neue entdeckt worden! Und das alles hat man dir allein zu danken, o du edle, du nie genug zu preisende Buchdruckerkunst!

Können wir den großen Erfinder besser ehren, als dadurch, daß wir die ungeheure Bedeutung seiner Erfindung würdigen?
Die Wirkung des gedruckten Buches auf die feudale Gesellschaft

war unvorstellbar! Der Buchdruck eröffnete eine neue Welt,
und ohne ihn hätte die Reformation nicht wie ein Lauffeuer die
Länder erfaßt. *Martin Luther* würdigte das wohl in einer Tisch-
rede:

Die Druckerey ist das höchste und äußerste Gnadengeschenk, durch
welches Gott die Sache des Evangelii forttreibet; es ist die letzte
Flamme vor dem Auslöschen der Welt.

Der elsässische Humanist *Jakob Wimpfeling* schrieb 1507 über
die Druckkunst:

Auf keine Erfindung oder Geistesfrucht können wir Deutsche so stolz
sein als auf die des Bücherdruckes, die uns zu neuen geistigen Trägern
der Lehren des Christentums, aller göttlichen und menschlichen Wissenschaften und dadurch zu Wohltätern der ganzen Menschheit erhoben
hat. Welch ein anderes Leben regt sich in allen Ständen des Volkes.
Wie ehemals die Sendboten des Christentums hinauszogen, so ziehen
jetzt die Jünger der heiligen Kunst aus Deutschland in alle Lande
aus, und ihre gedruckten Bücher werden gleichsam Herolde des Evan-
geliums und Prediger der Wahrheit und der Wissenschaft. Wer wollte
nicht dankbar der ersten Begründer und Förderer dieser Kunst gedenken!

Die junge Druckkunst half nicht nur, das Bildungsmonopol der
Kirche zu brechen, sie förderte auch die Herausbildung einer anti-
feudalen öffentlichen Meinung und beeinflußte wesentlich die
Entwicklung eines neuen fortschrittlichen Denkens, verbreitete die
Gedanken des Humanismus und naturwissenschaftliche Erkenntnisse. Sie unterstützte das aufkeimende Nationalbewußtsein und
die Verwendung der einheitlichen deutschen Nationalsprache, die
dann *Luther* seinen deutschen Schriften und seiner Bibelübersetzung zugrundelegen konnte.

Aus den Druckereien entwickelten sich die Verlagsgeschäfte und
erlaubten einen raschen Vertrieb der Druckwerke. Dürstete doch
Europa geradezu nach Büchern! Schon die *Fust-Schöffer*sche
Druckerei hatte eine Filiale in Paris, deren Wert 1475 auf 2425
Goldtaler geschätzt wurde. Das blühende Unternehmen von *Anton
Koberger* haben wir bereits erwähnt.

Seit der ersten Anwendung des neuen Verfahrens im Streite der
Erzbischöfe von Mainz griff die Druckkunst stets in die poli-
tischen Vorgänge ein, verbreitete die Gedanken der Revolution.
Franz Mehring bezeichnete die Erfindung *Gutenbergs* geradezu als

klassische Waffe jeder Revolution, die der gesitteten Menschheit
ein Stück vorwärtsgeholfen hat, als mächtigstes Werkzeug aller
Revolutionen, in denen die Völker ungestüm zu höheren Formen
des menschlichen Lebens vorwärtsdrängen. Nicht umsonst hegte
die Reaktion einen tiefen Haß gegen sie! *Sir William Berkeley*,
englischer Philosoph und Theologe, seit 1743 Bischof in Oxford,
schreibt:

Ich danke Gott, wir haben hier keine Freischulen und keine Buch-
druckereien, und ich hoffe, es soll noch lange Zeit so bleiben, denn das
Lernen hat nur Ungehorsam und Ketzerei und Sektenwesen in die
Welt gebracht, die Buchdruckerkunst aber war die Dienerin aller
dieser Greuel. Gott bewahre uns vor beiden!

Um so dankbarer begrüßten alle fortschrittlichen Kräfte die Erfindung, die *Victor Hugo* in seinem Roman „Notre Dame de Paris“
als das größte Ereignis der Weltgeschichte bezeichnet, allen Um-
sturzes Mutter und Erneuerung menschlicher Ausdrucksmittel von
Grund auf. Und der Göttinger scharfsinnige Gelehrte *Georg Christoph Lichtenberg* nennt die Buchdruckerkunst nicht nur eine
Art Messias unter den Erfindungen, sondern erkennt auch:

Mehr als das Gold hat das Blei die Welt verändert. Und mehr als das
Blei in der Flinte das Blei im Setzkasten.

In allen Ländern ertönte das Lob der „großen, würdigen, nützlichen, löblichen, göttlichen und heiligen Druckkunst“ (Syndikus
der deutschen Nation an der Universität Bologna 1505).
Mark Twain schreibt:

Die ganze Welt gibt ohne Zögern zu, und es bleibt nur eine Meinung
darüber, daß *Gutenbergs* Erfindung das unvergleichlich größte Ereignis
ist, das die Weltgeschichte kennt. Sie schuf eine neue, wundervolle
Welt, mit ihr aber auch eine neue Hölle; sie schmückt beide alljährlich
schon fünf Jahrhunderte lang mit neuen Tatsachen, neuen Entwick-
lungsmöglichkeiten und neuen Wundern. Sie fand die Wahrheit sich
mühsam fortschleppend und gab ihr Schwingen, sie fand aber auch
Falschheit und Lüge an den Boden gekettet, und auch ihnen schenkte
sie ein Flügelpaar. Sie fand die Wissenschaft, wie sie sich verbergen
mußte und verfolgt ward; sie hat ihr die Freiheit auf dem Lande,
dem Wasser und in der Luft verschafft und zeigte in ihr der Menschheit höchstes Ziel. Sie fand den Erfinder gemieden und verachtet und
verhalf ihm zu Größe, dehnte sein Reich über den ganzen Erdball aus.

Oder hören wir den islamischen Gelehrten *Mirza Mohamed* aus Susa:

Durch dich, o *Gutenberg*, Bürger von Mainz, blühen die Wissenschaften und reden die Diwane großer Geister sinnreich zu jedem Alter und Stande. Durch die Kraft deines göttlichen Geistes entzündete sich das Wissen, breitete sich allenthalben aus und durchdringt mit wohltätigem Licht alles, von der niedrigsten Hütte bis zum Goldpalaste. Nicht allein ist es Europa, das dich mit Lorbeeren des Beifalls kränzet, Asien auch, in welchem die Kunst erst jetzt keimt, gibt die Gewinde seines Lobes und schreibt deinen Namen mit Goldbuchstaben an im Palaste zu Tschapur.

In Säkularfeiern 1640, 1740, 1840 und 1940 gedachte die Welt dankbar der großen Erfindung. Schon 1540, zum ersten Jubiläum des Buchdrucks, zogen Leipziger Drucker nach Wittenberg, um mit dem *Lutherdrucker Hans Lufft* die Erfindung und den Erfinder zu feiern.

Zum 500. Geburtstage *Gutenbergs*, von der Welt im Jahre 1900 begangen, wurde in Mainz das *Gutenberg*-Museum gegründet, das sich eine gewaltige Aufgabe stellte: alles über *Gutenberg* und über die Druckkunst zu sammeln, zu bearbeiten und zu publizieren, kurz, ein „Weltmuseum der Druckkunst" *(Ruppel)* zu werden. 1924 wurde im *Gutenberg*-Museum eine Rekonstruktion der Werkstatt *Gutenbergs* aufgebaut, in der die Typen auf dem Handgießinstrument hergestellt, Texte gesetzt und auf einer Holzpresse gedruckt wurden. Die 1901 gegründete internationale *Gutenberg*-Gesellschaft gibt neben anderen Publikationen seit 1926 das *Gutenberg*-Jahrbuch heraus.

Für den Buchhandel hatte bereits zur Reformation die Stadt Leipzig an Bedeutung gewonnen, deren Messe die Verbreitung von Druckschriften förderte. Nicht zuletzt dank seiner Buchmesse galt Leipzig vom 18. Jahrhundert an als buchhändlerische Hauptstadt Deutschlands. 1871 gab es in Leipzig 249 Buchhändler!

In den ersten Jahrzehnten unseres Jahrhunderts war Leipzig auch ein Zentrum der Bestrebungen um eine neue deutsche Buchkunst; zu einem Höhepunkt dabei gestaltete sich die Leipziger Internationale Buchkunstausstellung von 1927. Sie zeigte die seit der Internationalen Ausstellung für Buchgewerbe und Graphik (Bugra) 1914 erzielten Fortschritte und war „das größte Fest der Geistigen Kultur" *(Hugo von Hoffmannsthal)*. Allerdings gab sie dem bibliophilen Luxusdruck, der sich an eine elitäre Schicht

Abb. 16. Rekonstruktion der *Gutenberg*-Werkstatt im *Gutenberg*-Museum zu Mainz

wendete, vor dem schönen Gebrauchsbuch bei weitem den Vorrang.

In der Barberei des Faschismus mit seinen Bücherverbrennungen gingen alle Traditionen fortschrittlicher Buchkunst unter, und durch die Bomben des Krieges sanken auch Druckereien, Verlage, Bibliotheken und Buchhandlungen in Trümmer.

Mit der Gründung des ersten sozialistischen Staates auf deutschem Boden entstanden alle Voraussetzungen für ein erneutes Aufblühen der Buchkunst. Leipzig konnte wieder ein Zentrum qualifizierter Buchproduktion werden.

Aufbauend auf den humanistischen Traditionen der deutschen

Abb. 17. *Gutenberg*-Preis der Stadt Leipzig (Medaille)

Buchkunst fanden in der DDR 1952 und 1953 „Deutsche Buchkunst-Ausstellungen" statt, die dem Buch einen wesentlichen Platz in der neuen Gesellschaft zuwiesen. Seit 1951/52 werden in der DDR jährlich die schönsten Bücher ausgezeichnet. Die erste Internationale Buchkunstausstellung (IBA) nach der Gründung der DDR wurde 1959 in Leipzig durchgeführt. Sowohl die schönsten bibliophilen Ausgaben als auch das künstlerisch gestaltete Gebrauchsbuch sollten im Mittelpunkt stehen. Die Stadt Leipzig stiftete Gold-, Silber- und Bronzemedaillen. Für besondere Verdienste um die Buchkunst wurde 1959 erstmals — und seitdem jährlich — der *Gutenberg*-Preis der Stadt Leipzig verliehen. Erster Preisträger war Professor *Horst Erich Wolter*, der damalige künstlerische und technische Leiter der Offizin Andersen Nexö. Die begehrte Auszeichnung wurde auch an den Buchkünstler *Karl Gossow* (1960), an den VEB Offizin Andersen Nexö Leipzig (1960), an den Professor für Schrift und Buchgestaltung *Albert Kapr* (1961), an den Illustrator Professor *Werner Klemke* (1962), an die Hochschule für Grafik und Buchkunst Leipzig (1964), an den Typographen *Jan Tschichold* (1965) und an den Grafiker und Illustrator Professor *Hans Fronius* (1982) verliehen, um nur einige der Geehrten zu nennen.

Die IBA 1965 und die IBA 1971 in der traditionsreichen Buchstadt Leipzig zeigten den erfreulichen Leistungsanstieg der typo-

graphischen Industrie und der buchkünstlerischen Entwicklung. An der IBA 1971 beteiligten sich Verlage, Buchgestalter und Illustratoren aus 61 Ländern! Im Mai/Juni 1977 fand in Leipzig die IBA 1977 statt, deren Höhepunkt ein internationales Symposium über Wechselbeziehungen zwischen funktionsgerechter Buchgestaltung und rationeller Fließfertigung des Buches war. Auf der IBA 1982 wurde dann aber auch deutlich, daß noch nicht alle Probleme, die sich aus modernen Technologien der Buchherstellung (z. B. dem Lichtsatz) ergeben, vollkommen gelöst sind. So setzen die Bemühungen um das lebendige Erbe *Gutenbergs* Maßstäbe für neue Aufgaben der Buchkunst.
Und wenn das Buch als Bewahrer und Sendbote hoher geistiger Werte der Menschheit unser Leben reicher macht, so gedenken wir voll Verehrung und tiefer Dankbarkeit des Erfinders der Buchdruckerkunst, *Johannes Gensfleisch zum Gutenberg.*

1348	Gründung der Prager Universität als erste Universität in Mitteleuropa.
1348—1351	Große Pestepidemie in Europa (weitere Pestepidemien 1356, 1365, 1369—1370, 1380, 1420, 1460, 1462).
1378—1417	Großes Schisma (Spaltung der Einheit der katholischen Kirche; Zeit der Gegenpäpste).
1381	Gründung des Rheinischen Städtebundes.
1389	Auflösung der schwäbisch-rheinischen Städtebünde (Reichstag zu Eger).
1400	König *Wenzel* wird von den Kurfürsten wegen Unfähigkeit abgesetzt; seine Nachfolger sind *Ruprecht von der Pfalz* (1400—1410), *Sigismund* (1410—1437), *Albrecht II.* (1438—1439) und *Friedrich III.* (1440—1493).
1400 (?)	*Johannes Gensfleisch zum Gutenberg* wird als Sohn des *Friele Gensfleisch zur Laden zum Gutenberg* und der *Else Wirich zum steinen Krame* in Mainz geboren.
1409	Konzil von Pisa.
1414—1418	Konzil von Konstanz.
1415	Verbrennung des *Jan Hus* auf dem Konzil in Konstanz.
1422	Erste Belagerung Konstantinopels durch die Türken.
1430	Erzbischof *Konrad III.* schlichtet den Streit zwischen Mainzer Patriziern und Zünften.
1431—1449	Konzil von Basel.
1434—1444	Straßburger Aufenthalt *Gutenbergs*.
1434	*Gutenberg* nimmt den Mainzer Stadtschreiber *Nikolaus Wörrstadt* in Schuldhaft für die ihm von seiner Vaterstadt vorenthaltenen Renten.
1436	*Gutenberg* wird von *Ennelin zur yserin Tür* vor dem geistlichen Gericht in Straßburg wegen gebrochenen Eheversprechens verklagt.
1436—1476	Lebenszeit von *Regiomontanus* (Mathematiker und Astronom).
1439	Prozeß der Straßburger Bürger *Dritzehn* gegen *Gutenberg* um die Beteiligung an einer „geheimen Kunst".
1439	Im antifeudalen Kampf der Bauern entsteht die Organisation des „Bundschuh".
1442	*Gutenberg* borgt beim Straßburger Thomas-Stift 80 Pfund Denare.
1444	Die Armagnaken (Söldner des Grafen *Armagnac*) werden bei Basel von den Schweizern abgewehrt, verwüsten das Elsaß und werden 1445 vertrieben und zerstreut; *Gutenberg* steht in der Liste des Aufgebotes der Stadt Straßburg gegen die Armagnaken.

1445	*Oswald von Wolkenstein,* der letzte bedeutende Minnesänger, stirbt.
1448	*Gutenberg* wieder in Mainz; er borgt von *Arnolt Gelthus* 150 Gulden.
seit 1448	Wahrscheinlich verschiedene Mainzer Kleindrucke in der Donat- und Kalendertype; häufige Neuauflagen der Donate; frühester Druck (Datierung unsicher) ist das „Fragment vom Weltgericht".
1450	*Gutenberg* leiht von *Johannes Fust* 800 Gulden.
seit 1452	*Gutenberg* leiht von *Fust* erneut insgesamt 800 Gulden.
1452—1519	Lebenszeit von *Leonardo da Vinci* (Maler, Bildhauer, Baumeister, Mathematiker, Schriftsteller und Naturforscher).
1453	Eroberung Konstantinopels durch die Türken unter Sultan *Mehmed II.*
1454	Druck des „Türkenkalenders" für das Jahr 1455 (erstes exakt datierbares Werk *Gutenbergs*!).
1454	Druck der 42zeiligen Bibel ist beendet.
1454—1455	Druck der Zyprischen Ablaßbriefe.
1455—1522	Lebenszeit von *Johannes Reuchlin* (Begründer der klassischen Philosophie in Deutschland).
1455	*Fust* fordert von *Gutenberg* sein Kapital (samt Zinsen 2020 Gulden) zurück; notarielles Protokoll der Eidesleistung *Fusts* im Prozeß gegen *Gutenberg* vom 6. November 1455 (Helmaspergersches Notariatsinstrument); *Gutenberg* verliert seinen Anteil an der Druckerei.
1456	Druck des Aderlaß- und Laxierkalenders für das Jahr 1457 sowie der Türkenbulle des Papstes *Calixtus III.*
1457	Der Mainzer Psalter erscheint in der Druckerei von *Fust* und *Schöffer.*
1459	*Diether von Isenburg* wird vom Mainzer Domkapitel zum Erzbischof gewählt, später vom Papst abgesetzt und exkommuniziert.
1460	In Mainz erscheint das Catholicon des *Johannes Balbus de Janua* mit der berühmten Schlußschrift.
1460—1524	Lebenszeit von *Hans Holbein d. Ä.* (Maler und Zeichner).
1461	Das Straßburger Thomas-Stift verklagt *Gutenberg* vor dem kaiserlichen Hofgericht in Rottweil wegen rückständiger Zinsen.
1462	In der Nacht vom 28. zum 29. Oktober nimmt der vom Papst eingesetzte Erzbischof *Adolf von Nassau* die Stadt Mainz mit Waffengewalt ein.
1465	Am 17. Januar ernennt *Adolf von Nassau* in Eltville *Gutenberg* auf Lebenszeit zum Hofmanne, befreit ihn von Folgedienst, Wachen und Abgaben und verspricht, ihm

	jährlich Hofkleidung, 20 Malter Korn sowie 2 Fuder Wein zu liefern.
1466	*Fust* stirbt in Paris an der Pest.
1466—1536	Lebenszeit von *Erasmus von Rotterdam* (humanistischer Gelehrter und Schriftsteller).
1468	Am 3. Februar stirbt *Gutenberg* in Mainz (nach einem handschriftlichen Eintrag in einem kurz nach 1470 von *Schöffer* gedruckten Buch).
1472—1553	Lebenszeit von *Lucas Cranach d. Ä.* (Maler, Holzschnittzeichner und Kupferstecher).
1473—1543	Lebenszeit von *Nikolaus Kopernikus* (Domherr, Arzt und Astronom; begründete das Kopernikanische Weltsystem, das erstmals die Sonne in den Mittelpunkt stellte).
1475—1564	Lebenszeit von *Michelangelo* (Bildhauer, Maler, Baumeister und Dichter).
1480	Einführung der Inquisition in Spanien.
1484	Der „Herbarius" (Kräuterbuch) erscheint bei *Schöffer* als erstes Buch mit vollständigem Titelblatt (Erscheinungsort und -jahr sowie Druckermarke).
1492	*Kolumbus* entdeckt Amerika.
1500	Bis 1500 sind in etwa 270 Städten rund 40 000 verschiedene Bücher in mehr als 10 Millionen Exemplaren gedruckt worden.

LITERATUR (AUSWAHL)

[1] *Barge, H.:* Geschichte der Buchdruckerkunst von ihren Anfängen bis zur Gegenwart. Leipzig 1940.

[2] *Bogeng, G. A. E.:* Geschichte der Buchdruckerkunst. Bd. I: Der Frühdruck. Hellerau bei Dresden 1930.

[3] *Boos, H.:* Geschichte der rheinischen Städtekultur von den Anfängen bis zur Gegenwart. II. Teil. Berlin 1897.

[4] *Debes, D.* (Hrsg.): Gepriesenes Andenken von Erfindung der Buchdruckerei. Leipziger Stimmen zur Erfindung Gutenbergs. Leipzig 1968.

[5] *Faulmann, K.:* Illustrirte Geschichte der Buchdruckerkunst. Wien, Pest, Leipzig 1882.

[6] *Funke, F.; Klitzke G.:* 50 Jahre Internationale Buchkunst-Ausstellungen in Leipzig. Leipzig 1976.

[7] Die Gutenberg-Preisträger der Stadt Leipzig. Leipzig 1968. (Neujahrsgabe der Deutschen Bücherei 1969).

[8] Handbuch der Bibliothekswissenschaft. 2. Auflage. Stuttgart 1950.

[9] *Kapr, A.:* Schriftkunst. 2. Auflage. Dresden 1976.

[10] *Kapr, A.:* Johannes Gutenberg. Tatsachen und Thesen. Leipzig 1977.

[11] *Kirchner, J.* (Hrsg.): Lexikon des Buchwesens. Stuttgart 1952.

[12] *Löffler, K.; Kirchner, J.* (Hrsg.): Lexikon des gesamten Buchwesens. Leipzig 1935.

[13] *Lülfing, H.:* Johannes Gutenberg und das Buchwesen des 14. und 15. Jahrhunderts. Leipzig 1969.

[14] *Mummendey, R.:* Von Büchern und Bibliotheken. Bonn 1950.

[15] *Ruppel, A.:* Johannes Gutenberg. Sein Leben und sein Werk. 2. Auflage. Berlin 1947.

[16] *Ruppel, A.:* Weltmuseum der Druckkunst und Internationale Gutenberg-Gesellschaft. 3. Auflage. Mainz 1955.

[17] *Schaefer, H.:* Uff sant blasius tag starp der ersam meinster Henne Ginßfleiß. Gutenbergs Leben und Werk im Widerstreit der Forschungen. Marginalien. Blätter der Pirckheimer-Gesellschaft, H. 29, April 1968.

[18] *Schmidt-Künsemüller, F. A.:* Die Erfindung des Buchdrucks als technisches Phänomen. Mainz 1951.

[19] *Schwanecke, E.:* Das bibliophile Buch in der sozialistischen Kultur. Marginalien. Blätter der Pirckheimer-Gesellschaft, H. 7, März 1960.

[20] *Widmann, H.* (Hrsg.): Der gegenwärtige Stand der Gutenberg-Forschung. Bibliothek des Buchwesens. Bd. 1. Stuttgart 1972.

[21] *Schmidt, W.,* und *F. A. Schmidt-Künsemüller* (Hrsg.): Johannes Gutenbergs zweiundvierzigzeilige Bibel. Kommentarband. München 1979. Darin u. a.:

[21a] *Corsten, S.:* Die Drucklegung der zweiundvierzigzeiligen Bibel. Technische und chronologische Probleme.

[21b] *Hubay, I.:* Die bekannten Exemplare der zweiundvierzigzeiligen Bibel und ihre Besitzer.

[22] *Kapr, A.:* Was war das „Werk der Bücher"? In: Gutenberg-Jahrbuch 1981, 56. Jahrgang. Mainz 1981.

[23] *Köster, K.:* Gutenberg in Straßburg. Mainz 1973.

[24] *Todd, W. B.:* Die Gutenbergbibel: Neues Beweismaterial zum Erstdruck. Börsenblatt für den Deutschen Buchhandel, Frankfurter Ausgabe, Beilage: aus dem Antiquariat 9 (1982) A 325 — A 337.

[25] *Varbanec, N. V.:* Jochann Gutenberg i načalo knigopečatanija v Evrope. Moskva 1980.

Biographien
hervorragender Naturwissenschaftler,
Techniker und Mediziner

BAND 51

Prof. Dr.-Ing. Hanns Richter-Meinhold†, Dresden

Henry Bessemer – Sidney Gilchrist Thomas

98 Seiten mit 10 Abbildungen
Kartoniert 4,80 M; Ausland 6,80 M
Bestell-Nr. 666 039 7   Bestellwort: Richter, Bessemer/Thomas

Inhalt:

Eisen und Stahl

Henry Bessemer
Familienverhältnisse, Jugend und erste Erfindungen · Die Entstehungsgeschichte des Bessemerprozesses · Plötzliches Versagen des Bessemerprozesses und Beseitigung der Fehler · Vielseitige Verwendung des Bessemerstahles · Die Verwendung von Mangan bei der Stahlherstellung · Einführung des Bessemerprozesses in den Vereinigten Staaten von Amerika und auf dem Kontinent · Die Überlegenheit des Bessemerprozesses und seine Auswirkungen · Bessemers letzte Erfindungen

Leben und Werk von Sidney Gilchrist Thomas
Jugend und erste Berufstätigkeit · Das Problem der Entphosphorung von Bessemerstahl · Erste Erfolge · Beschreibung des basischen Prozesses · Triumph bei der gesamten Fachwelt · „Die Herstellung von Stahl und Weicheisen aus phosphorhaltigem Roheisen" · Der weitere Lebensweg von Thomas

BAND 59

Stud.-Dir., Obering. Hans L. Sittauer, Altenburg

Friedrich Gottlob Keller

132 Seiten mit 17 Abbildungen
Kartoniert 6,80 M; Ausland 8,60 M
Bestell-Nr. 666 092 8   Bestellwort: Sittauer, Keller

Inhalt:

Aus der geschichtlichen Entwicklung der Papierherstellung und der verwendeten Rohstoffe bis zur Erfindung des Holzschliffs
Kellers Kindheit, Jugend und erste erfinderische Versuche
Von genauer Naturbeobachtung zur Erfindung des Holzschliffs
Um die Weiterentwicklung des Verfahrens und dessen Patentierung
Als Pächter und Besitzer der Papiermühle Kühnhaide
Die Vervollkommnung und Einführung des Holzschliffverfahrens durch Heinrich Voelter
Keller als Mechaniker in Krippen
Weitere Erfindungen Kellers und seine Rettung vor dem finanziellen Zusammenbruch
Das letzte Lebensjahrzehnt
Die Bedeutung Kellers und seiner Erfindung für die Gegenwart
Chronologie

BSB B. G. TEUBNER VERLAGSGESELLSCHAFT